# 手感小物轻松做

一把线锯、一支小刀、几片砂纸
在家就可以轻松完成的小木工

◎沈洁 著
◎周科 摄影

江苏凤凰科学技术出版社

**图书在版编目（CIP）数据**

微木工 ：手感小物轻松做 / 沈洁著 . -- 南京 ：江苏凤凰科学技术出版社，2017.1
ISBN 978-7-5537-7301-8

Ⅰ．①微… Ⅱ．①沈… Ⅲ．①木制品－制作 Ⅳ．① TS958.4

中国版本图书馆 CIP 数据核字 (2016) 第 244226 号

微木工 手感小物轻松做

著　　者　沈　洁
项目策划　凤凰空间/郑亚男　张　群
责任编辑　刘屹立
特约编辑　张　群

出版发行　江苏凤凰科学技术出版社
出版社地址　南京市湖南路1号A楼，邮编：210009
出版社网址　http://www.pspress.cn
总 经 销　天津凤凰空间文化传媒有限公司
总经销网址　http://www.ifengspace.cn
印　　刷　北京博海升彩色印刷有限公司

开　　本　710 mm×1000 mm 1/16
印　　张　7
字　　数　56 000
版　　次　2017年1月第1版
印　　次　2023年3月第3次印刷

标准书号　ISBN 978-7-5537-7301-8
定　　价　39.80元

# 前言

2011 年，我和先生一起租下了一间房子，作为我们的手工工作室。手上的资金有限，很多喜欢的家具和装饰品都没有办法买下来。于是，我俩制订了自己动手改造工作室的计划。由于是第一次尝试自己做木工，很多工具不会使用，甚至连木头都没有办法笔直地裁切出来，因此浪费了很多木料。即使这样，我们的第一个作品——小型置物架还是艰难地完成了。在那段日子里，我们一边去材料市场请教木匠工人，一边自己研究制作，不时上街捡一些旧家具进行改造。看着粗糙的木料在自己手中一点儿一点儿地成形，变成自己理想中的那个样子，沉醉在木头散发出来的那种原始的香味中，这种整天与木头为伴的生活强烈地吸引着我们。

经过 3 年多的准备，2014 年，我在工作室开设了小木工的手工课程，希望可以让更多的朋友领略到手工木作带来的微妙快乐。在交流的过程中，我逐渐了解到大家对木作有着很深的误解，以为木作会产生噪声、粉尘，各种工具操作不当会很危险，还得有电动工具和一间大房间。很多人出于这些顾虑，对家庭木作望而却步。其实不然，大部分的噪声、粉尘、伤人危险都来自电动工具。从做木作的初衷出发，我更推荐大家使用最原始的手动工具，精雕细琢，就像昔日的工匠一样，优雅地完成每一步，伴随着不时响起的如同风铃般“叮叮当当”的敲击声、刨子修边时发出的“霍霍”声，以及砂纸摩擦木头发出的“沙沙”声，整个过程更像是自己与木头进行一次精神上的交流。这大概就是手动工具的魅力吧。

出这本书，我更多的是希望可以抛砖引玉，希望大家可以抛开原有的那些顾虑，真正走进手工木作的世界，因此，本书介绍了很多手工木作的基本制作思路和工具的使用方法。你会发现，原来手工木作是一件很简单的事情。你还可以发挥自己的想象，亲手制作出更多的木质小玩意儿来。因此，书中的案例并不很难，但却是生活中实实在在能用到的物品，当你使用着自己亲手制作的物品时，一定会成就感爆棚吧！希望你能像我一样，从手工木作中找到快乐。

2016 年10月

# 目 录

CONTENTS

# 第一章

# 木工基础知识

# 手工木作的必要装备

穿戴正确的个人防护装备是最基本的要求。并且这些装备需要根据磨损情况及时更换，因为如果防护装备不合适，其本身也是一种危险。在木作过程中，应该避免穿着宽松的衣服，禁止佩戴宽松的首饰。

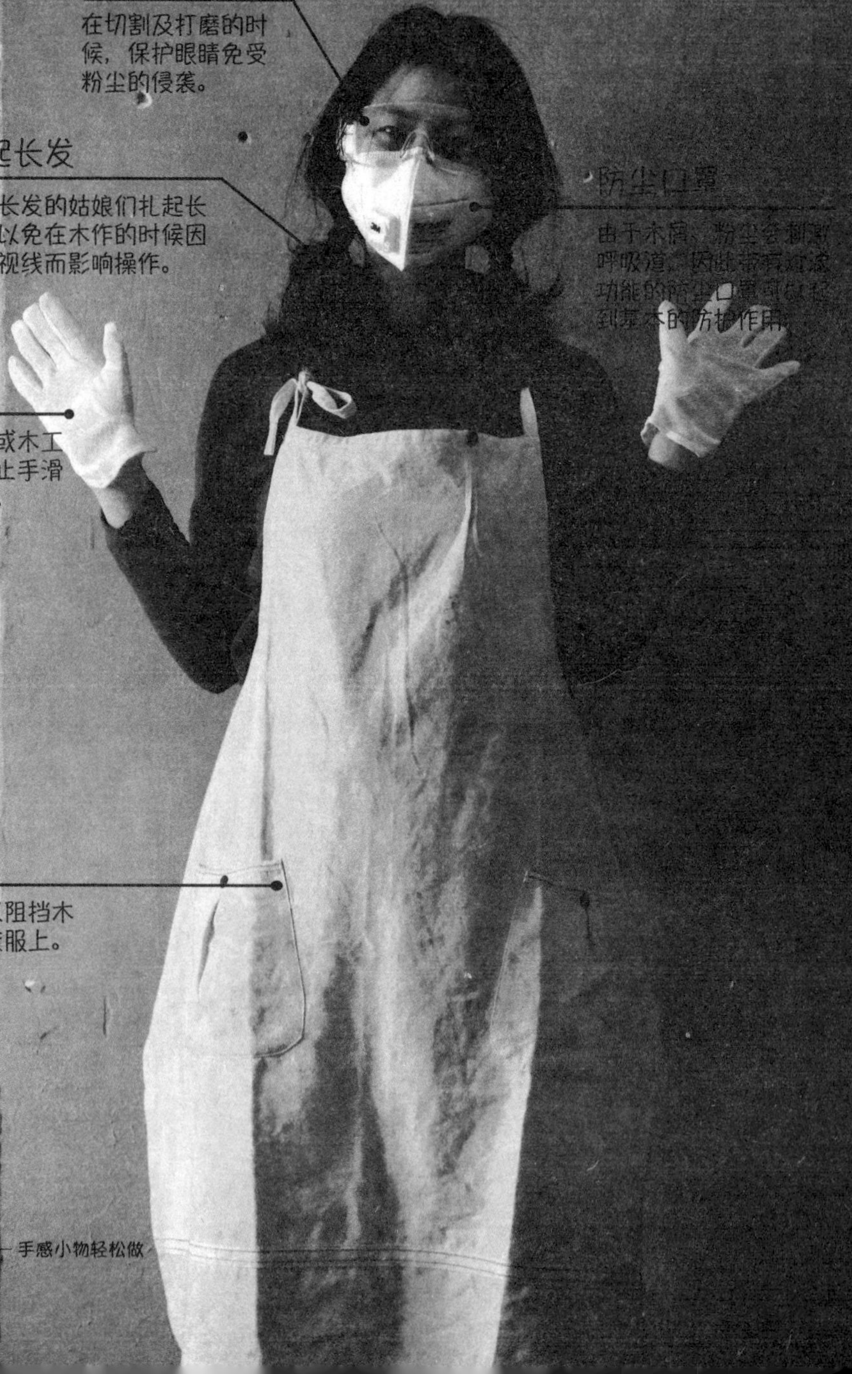

### 护目镜

在切割及打磨的时候，保护眼睛免受粉尘的侵袭。

### 扎起长发

建议长发的姑娘们扎起长发，以免在木作的时候因遮挡视线而影响操作。

### 防尘口罩

由于木屑、粉尘会刺激呼吸道，因此带有过滤功能的防尘口罩可以起到基本的防护作用。

### 防护手套

在使用木工手刀或木工铲刀时，可以防止手滑导致手部被割伤。

### 围裙

及膝的围裙可以阻挡木屑、粉尘沾到衣服上。

## 挑选护目镜

虽然手工木作产生的粉尘、木屑远远少于电动工具产生的，但是，基本的眼部防护依然必不可少。

护目镜应该挑选具有全面的侧翼防护以及防雾功能的。

佩戴款式分头戴式及挂耳式。相比之下，头戴式护目镜在安全性及舒适性上都优于挂耳式护目镜。

## 挑选防尘口罩

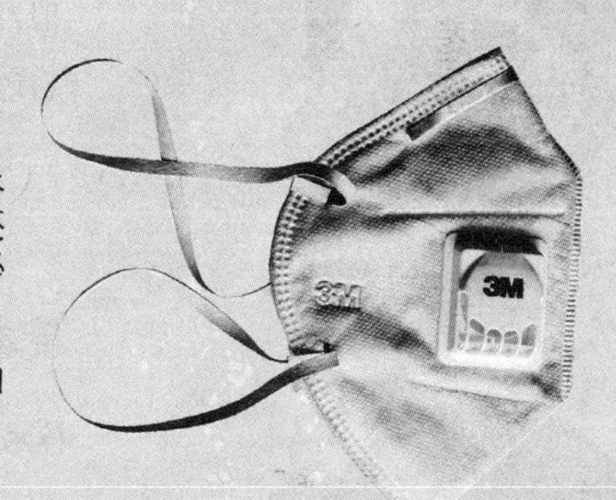


带活性炭过滤功能，上缘带鼻夹的防尘口罩是最基本的口部防护装备。无论是使用一次性的防尘口罩，还是可反复使用，更换过滤片的防尘口罩，木作完毕必须抛弃口罩或者更换过滤片。

防尘口罩分头戴式口罩及挂耳式口罩。头戴式防尘口罩的密闭性和舒适性优于挂耳式防尘口罩。

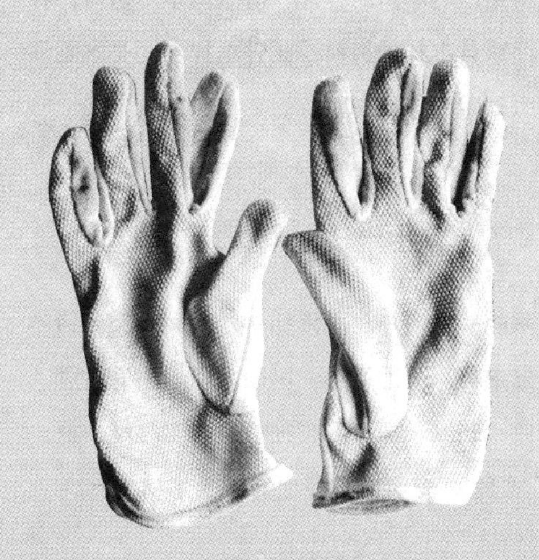

## 挑选防护手套

木作防护手套主要的作用是防止手部被锯子、手刀等利器划伤。但是由于在木作过程中需要保持手部的灵活性以保证各工序能精确地完成，因此不宜选择太厚及太大的防护手套。表面带胶粒的纯棉手套既能保证手部灵活性，又可以起到防割伤的作用，表面的胶粒还可以防止手握工具的时候打滑，非常适合手工木作。

需要注意的是，防护手套仅限在手工木作中佩戴。在使用电动工具的时候，禁止佩戴手套，以防被机器卷入造成意外。

# 常用的木料

木料一般分为针叶树材和阔叶树材两类。国外称前者为软材，后者为硬材。硬材一般密度较高、较为硬实，但是实际上硬材和软材真正硬度差异很大，有时硬材（比如轻木）比大部分软材更软。

## 栗木

栗木也称国产橡木，材质稳定、色泽柔和淡雅，纹理一般为山水纹和水波纹，硬度高、非常耐磨。木材表面有白色的气孔，经常被用来做日式餐具。

## 梓木

梓木为紫葳科，属落叶乔木，硬度中等、材质优良、韧性好、富有弹性，不易翘和裂，防水性好、耐朽，材色美丽典雅，纹理美观，是造船、制作军工用品和家具的上等用材，是历代用材最广的木材品种之一，可与楸木媲美。梓木属于中国国产家具木材一类材。此外，梓木还是木胎漆器、乐器和雕版刻字的优质材料。

## 东北楸木

东北楸木属正宗胡桃木，与美国黑胡桃木同科同属。楸木软硬适中、重量中等，干缩率小、刨面光滑、耐磨性强，结构略粗。颜色、花纹美丽，富有韧性，加工性能良好，享有“木王”和“黄金树”之美称，是世界著名木材之一。

## 红榉木

红榉木是欧洲榉木的别称，又名山毛榉，属于欧洲水青冈树种。产地欧洲，榉木材质坚硬、木质紧密，质地细而均匀，色调柔和，纹理清晰流畅，耐磨，有光泽，抗冲击，加工性良好，可以制作弯曲的造型。

## 樱桃木

樱桃木又名黑樱桃木，属高级木料，主要分布于美国东部各地。樱桃木的芯材颜色由艳红色至棕红色，樱桃木天生含有棕色树芯斑点和细小的树胶窝，纹理细腻、清晰，抛光性好，涂装效果好。

## 沙比利木

沙比利木为筒状非洲楝，属于楝科，又名红影木。芯材新切面为红褐色，随大气氧化而渐变为似桃花芯木的红褐色或铁锈褐色，木材具光泽，纹理交错，径切面有独特的黑色条状花纹或梅花状花纹，结构细且均匀，较耐腐，较硬，强度和各项力学指标较高。

## 美国黑胡桃木

美国黑胡桃木是世界公认的最佳硬阔材树种，其芯材呈浅棕色至棕黑色乃至紫褐色，常带有紫色的粗纹及较深色条纹，通常为直木纹，有时会带有波纹状或曲线形木纹。美国黑胡桃木结构紧密，力学强度较高，易于加工，性能好，切面光滑，纹理、色泽美观，抛光后能获得极佳的表面。

# 如何固定木料

固定木料是开始木作的第一步。无论切割还是修整，都需要先将木料紧紧地固定住，才能保证各项操作的精准。

## | 固定工具 |

### 台钳

可以将木料平放或竖起，固定在台面上。

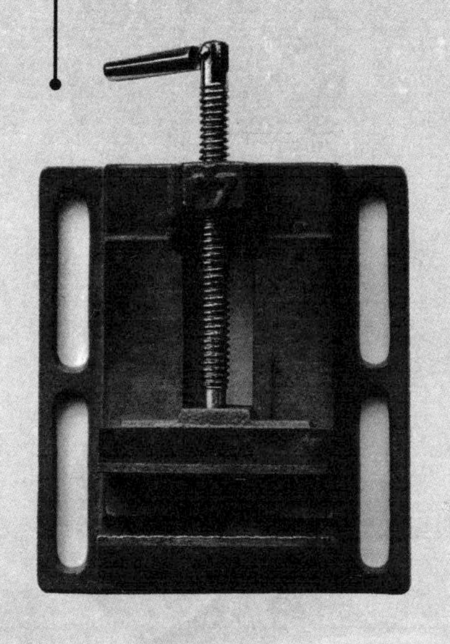

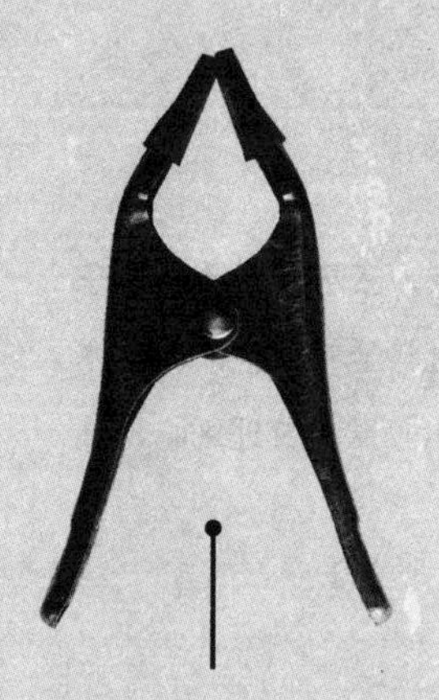

### A形木工夹

这类夹子主要靠弹簧的力量，所以力度相对较小，开口也有限，优点是轻巧，便宜。

### F形木工夹

这类夹子一般的结构是由一个固定爪、一个活动爪固定到一根铁棒上构成。活动爪上有一个丝杆把手用于锁紧。这类夹子算是最流行的木工夹了。

### G形木工夹

主要用于将木料固定在桌沿，便于切割。

## F形木工夹使用方法

用手滑动活动臂，滑动时，活动臂一定要与导杆保持平行，否则滑不动。滑动至工件宽度，即可以把工件放在两个力臂之间，然后慢慢转动活动臂上的螺杆螺栓，用来夹紧工件，调整到适合松紧度放手即可完成工件固定。

## G形木工夹使用方法

G形木工夹操作相对简单，只用调整丝杆螺栓来控制松紧即可。

## 台钳使用方法

夹持工件时用手板紧即可，不得用加力杆或敲击，以免损坏丝杆、螺母，同时工件夹紧的程度要合适，注意防止夹伤工件表面。

# 如何开料

开料是指根据自己的实际需求，在大型板材上切割出合适大小的木料。开料之前，必需提前画好图纸，算好如何切割更为合理，更加节省材料。

开料的主要工具有：手锯、铅笔、角尺、固定夹。

## | 开料工具 |

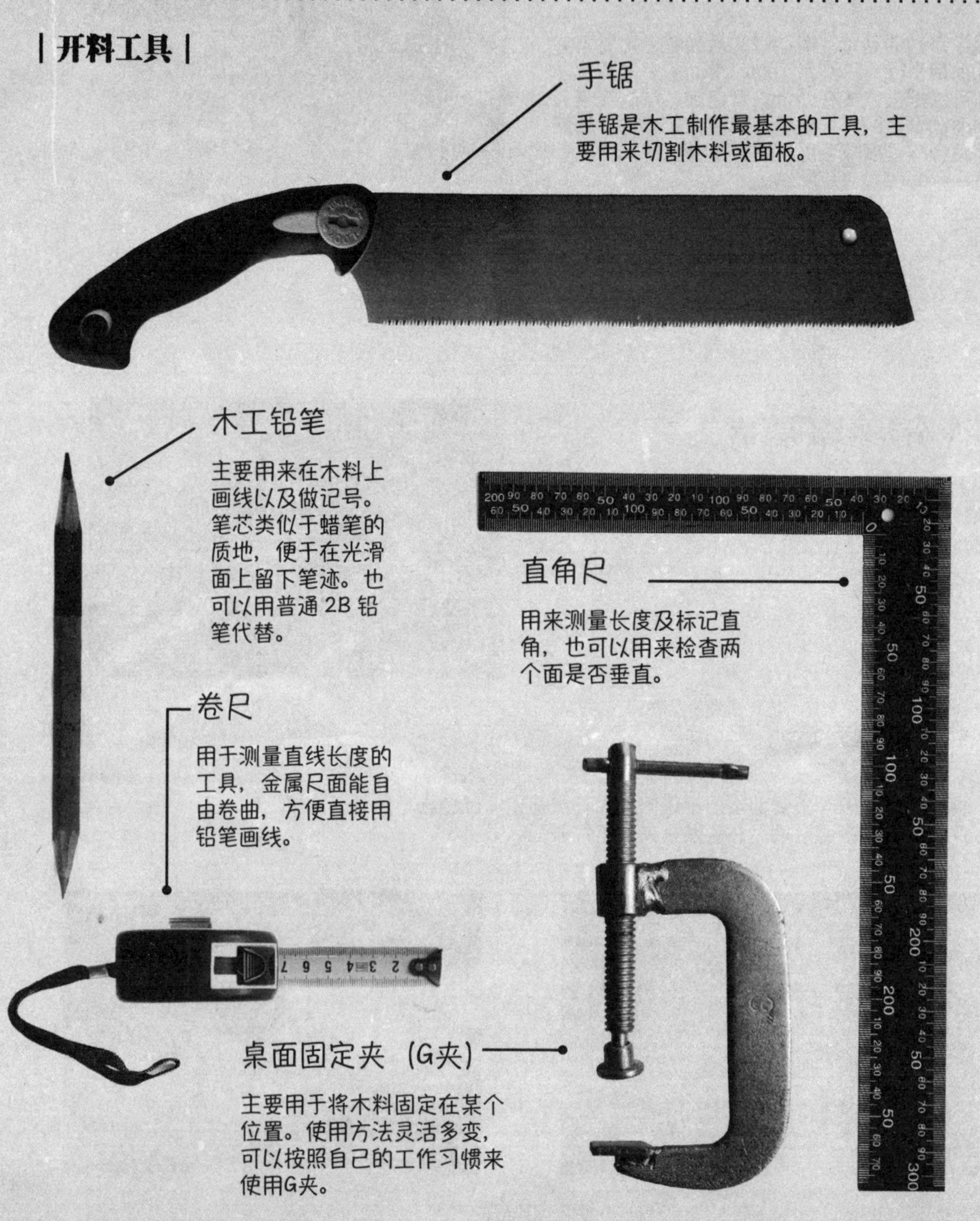

手锯

手锯是木工制作最基本的工具，主要用来切割木料或面板。

木工铅笔

主要用来在木料上画线以及做记号。笔芯类似于蜡笔的质地，便于在光滑面上留下笔迹。也可以用普通 2B 铅笔代替。

直角尺

用来测量长度及标记直角，也可以用来检查两个面是否垂直。

卷尺

用于测量直线长度的工具，金属尺面能自由卷曲，方便直接用铅笔画线。

桌面固定夹（G夹）

主要用于将木料固定在某个位置。使用方法灵活多变，可以按照自己的工作习惯来使用G夹。

在一整块木料上测画出自己需要的大小。画线的时候要充分利用直角尺的优势。画出准确的线条。

可以用夹具将木料牢固地固定在桌边，这样锯起来更轻松一些。

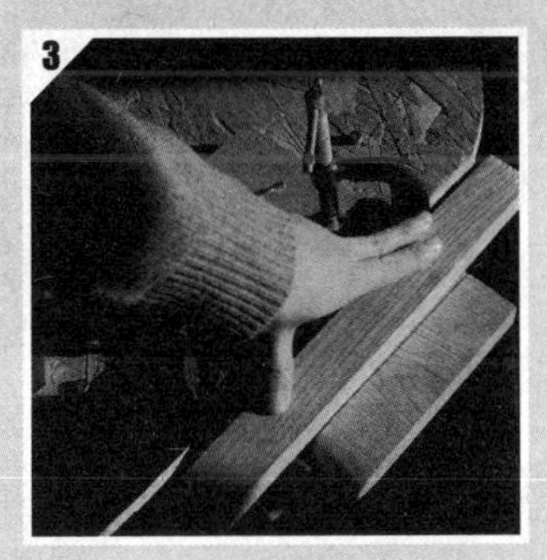

怎样才能锯出直线来呢？

秘诀就是：拿另一块笔直的厚木料当作夹板，压在画好的直线上，锯刃紧贴夹板就能锯出直线来。

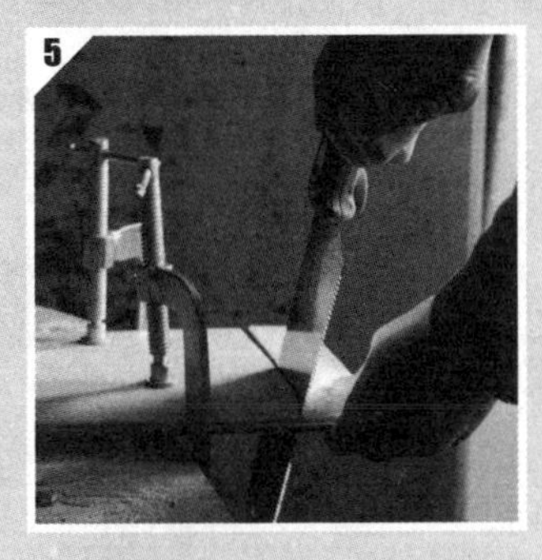

锯子锯到最后的时候，需要用手扶一下悬空的部分木料，锯最后几下，用力干脆利落一些，能防止木料劈裂不整齐。

## TIPS 小提示

### 如何选择锯条

锯条的粗细应根据木料的硬度、厚薄来选择。锯软的材料或厚材料时，应选用粗齿锯条，因为锯屑较多，要求有较大的容屑空间。相反，锯硬材料或薄板时应选用细齿锯条。

锯齿的粗细是按锯条上每25mm长度内齿数表示的。齿数越多，切割效果越好，但也更费时。

# 如何画线和切割

开料完成后，便可以在开好的木料上画线，用手锯或线锯进一步切割出具体的形状。如果做木工小件，可以先在白纸上按1:1的比例画好图纸并剪下来做成纸样，然后将纸样附在木料表面进行描摹。

画线和切割的主要工具有：铅笔、固定夹、电钻、线锯。

## | 画线切割工具 |

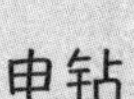

### 电钻

本书中用到的唯一一个电动工具，用来给木料钻孔。一般在要钻孔的木料下面垫一块废木料，以防钻头直接接触地面造成钻头损坏或地面损伤。

### 木工铅笔

用来在木料上画线以及做记号。笔芯类似于蜡笔的质地，便于在光滑面上留下笔迹。也可以用普通2B铅笔代替。

### 线锯

也叫拉花锯，可以轻松切割出各种曲线及镂空图案。使用图中这种竹质拉花锯时，使用完毕后务必松开锯条，让锯弓保持松弛状态，以利于锯子延长使用寿命。

### 桌面固定夹（G夹）

主要用于将木料固定在某个位置。使用方法灵活多变，可以按照自己的工作习惯来使用G夹。

## 切割曲线

木料开好后，就可以在木料上画出你要切割的具体形状啦。

和开料一样，将木料固定在桌边，可以根据切割的具体形状以及自己的切割习惯调整固定点。

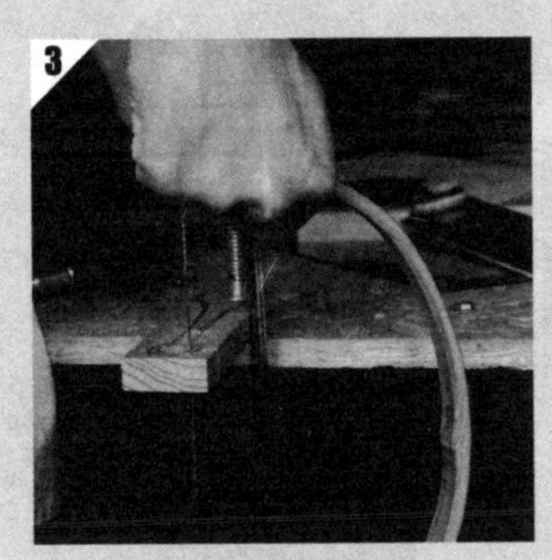

将线锯的锯刃垂直于画好的线条。沿着线条进行切割。

## 切割镂空图案

用电钻钻出一个小孔。钻孔的时候，要注意保持钻孔部位悬空，或者在钻孔部位下面垫一块废木块。以防损伤台面。

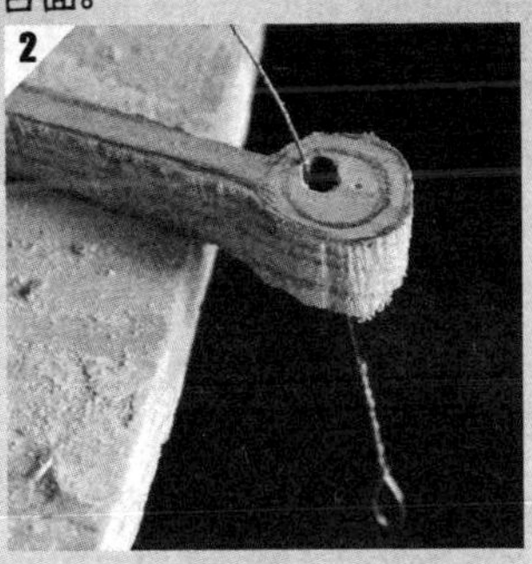

将线锯的锯条拆下来，穿过小孔，然后重新安装好。

沿着线条切割出装饰孔。

**TIPS 小提示**

如果怕在木头上画不对称，可以先在厚一点儿的卡纸上画好纸样，沿中线对折剪下来，肯定就对称啦。然后再把纸样放在木头上，用铅笔描画下来。

# 如何保养锯条

无论何种锯条，如果不精心养护，使用一定时期后，锯条都会变钝，切割时就会逐渐变得吃力。这时候，你该打磨一下你的锯条了。当然，日常的涂油保养以及正确的使用方式都可以延长锯条的使用寿命。

## | 日常保养 |

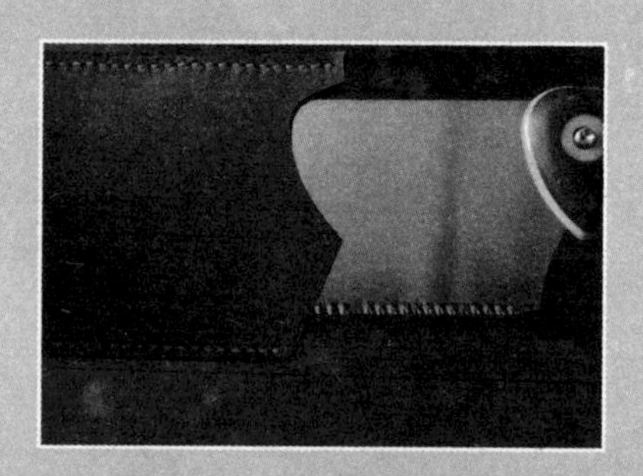

### 保护锯齿

每次用完锯子，都应该把锯子放入保护套内，以免锯齿受损。

弓锯（线锯）用完务必将锯条取下，放入锯条收纳袋内，使锯弓的部分松弛，保持锯弓的弹性。

### 涂油防锈

长时间不使用锯子的话，需要在锯条表面涂抹一层薄薄的白茶油或者类似质地的油料。这样可以防止锯条受潮生锈。

## | 打磨锯条 |

用夹具固定锯条。

用平面锉刀将已经磨损的锯齿打磨至同一高度。

用三角锉刀，从背向你的锯齿开始打磨，然后再打磨剩下的锯齿。每个锯齿打磨次数相同。

# 如何拼接木料

多数的木工都需要用胶把木料黏合到一起，黏合时通常需要一定的压力作用于黏合面，因此，可以根据实际情况选择不同的木工夹具来辅助黏合。

## | 黏合工具 |

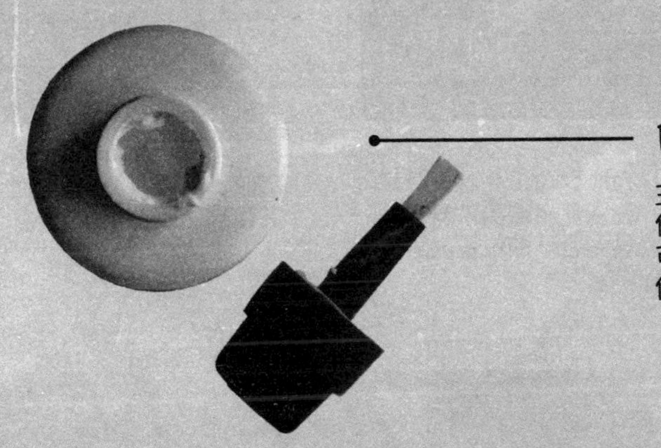

白胶

主要用于将木料固定在某个位置。使用方法灵活多变，可以按照自己的工作习惯来使用G夹。

刨子

主要用于将木料黏合面处理平整，使黏合面能紧密黏合，不留缝隙。

桌面固定夹

主要用于将木料固定在某个位置。使用方法灵活多变，可以按照自己的工作习惯来使用固定夹。

## 木板拼接

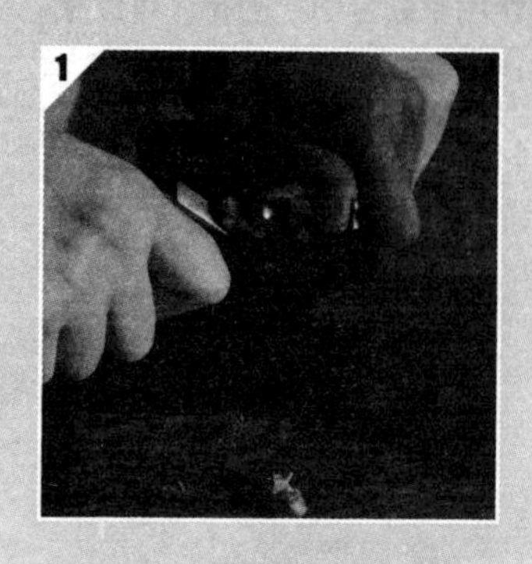

将要拼接的木料用台钳夹紧固定，要拼的一面朝上，用刨子刨平这个面。使用同样的方法处理另一个要拼接的面。

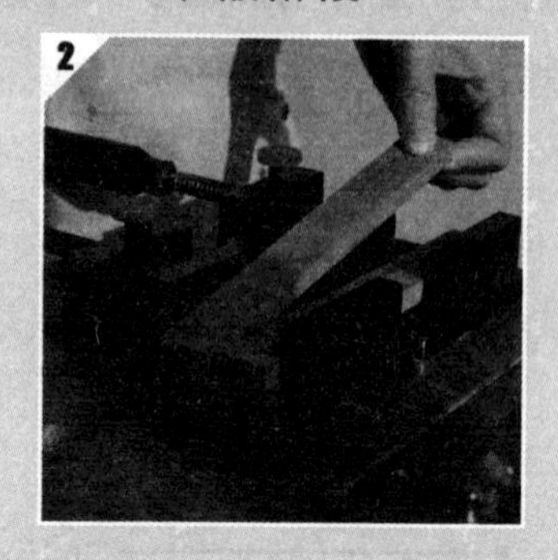

涂抹白胶之前，先将夹具摆好，插入要拼接的木料，调整夹具到合适的位置。

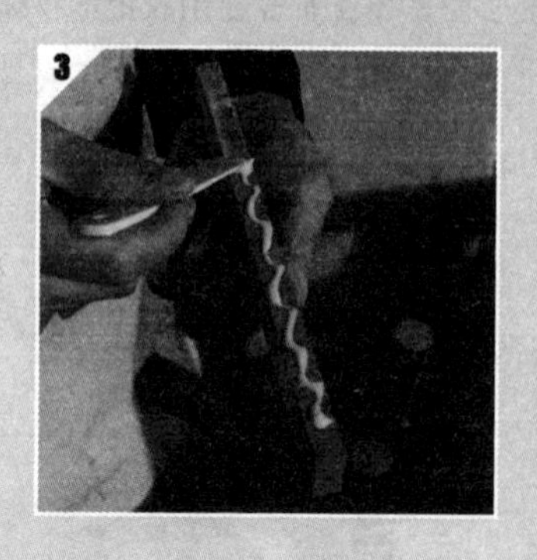

将胶水呈S形挤到拼接面上，并用刷子反复刷均匀。

将两块木料拼接面对齐。

置入夹具，轻轻上紧夹具。

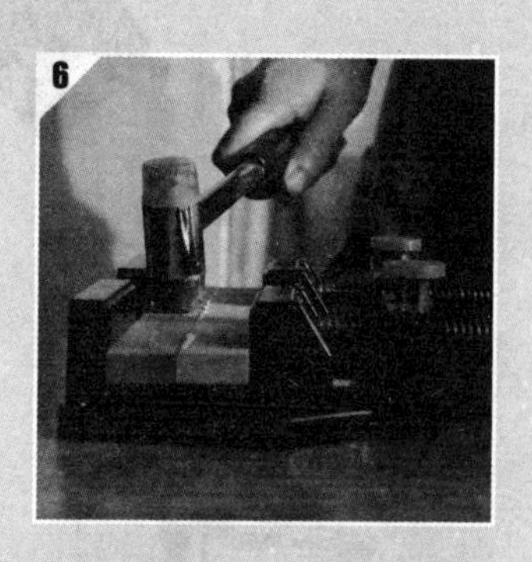

用橡胶锤或者木槌轻轻敲击拼接的木料，使两块木料完全对齐。

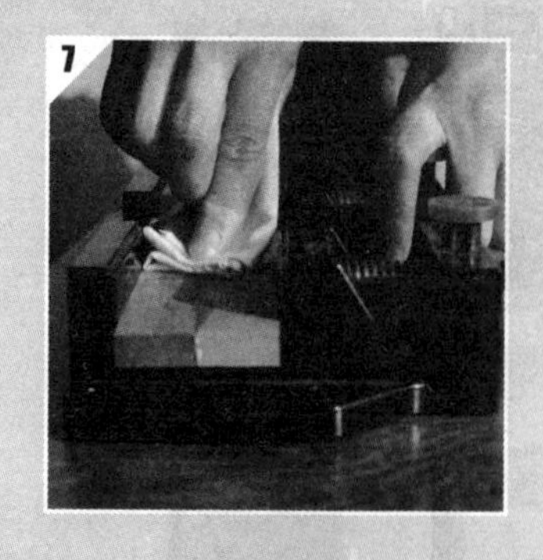

用纱布将多余的胶水抹去。

# 如何修整 · 刨

木工刨刀主要用于刨直、削薄、修整木料平面，使其光滑平整。根据其使用功能的不同，分为鸟刨、倒角刨、长刨等。

## | 修整工具 · 刨 |

### 中式传统木工刨

主要用于将木料黏合面处理平整，使黏合面能紧密黏合，不留缝隙。

### 迷你木工刨

用手把住两侧，可以刨出曲面以及倒角。

# 如何修整 · 铲刀

铲刀的作用与凿类似，都是用于在木料上剔槽、修整、倒角等。铲刀的刀头多种多样，有平铲、斜铲、三角铲、圆铲、玉婉刀等，因此在修整木料形状的过程中，使用起来比凿子更为灵活便捷。

## | 修整工具·铲 |

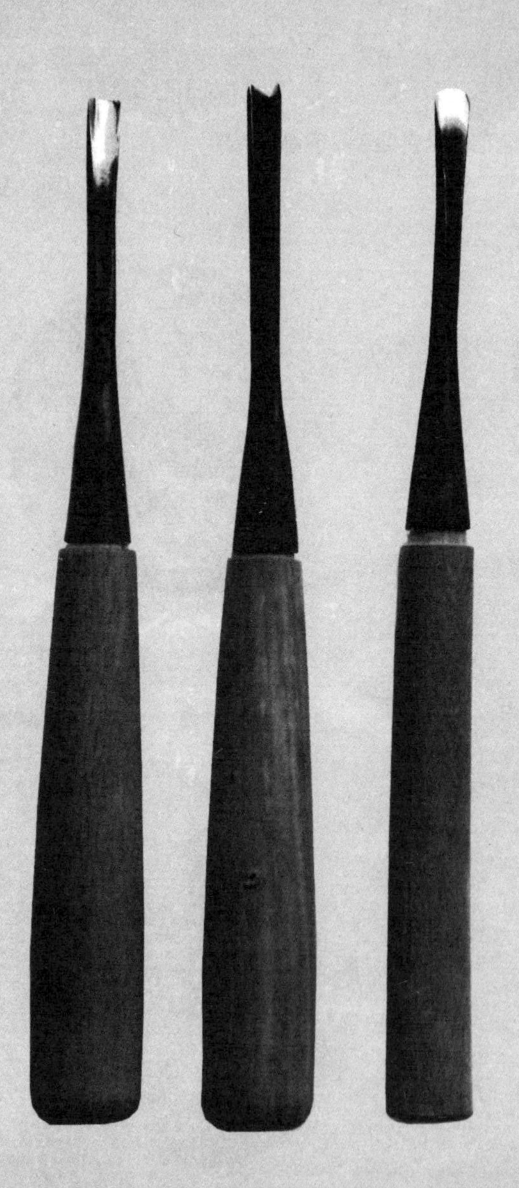

### 圆铲刀

入刀痕呈圆形，收刀也呈圆形。奏刀钝起时呈齐头形，常用它铲除大块底子。选择圆口刀要注意以下几个方面：刀刃的内壁要光滑，不可有麻点、不平滑之处。刀口弧度要大，小弧度的刀子则不能入木太深，刀体不要太厚，否则也会影响入刀。

### 三角铲刀

入刀呈尖头形，收刀也呈尖头形。一般用于刻画线条。看清三角刀的内壁是否平滑，有麻点或不平都不可选用。观察刀壁内角是否尖锐，如出现圆形则不可选用。

### 玉婉刀

俗称“和尚头”“蝴蝶凿”，刀口呈圆弧形，是一种介乎平刀与圆刀之间的修光用刀。在平刀与圆刀无法施展时，它们可以代替完成。特点是比较缓和，既不像平刀那么板直，又不像圆刀那么深凹，适合在凹面起伏上使用。

## 运刀姿势

铲刀的持刀方法如握钢笔一样，左手扶住木料一侧，右手握住刀匀速向前推。

左手禁止放在刀刃的前进方向，以避免发生运刀不稳，造成意外割伤。

## 组合运用各种铲刀挖槽

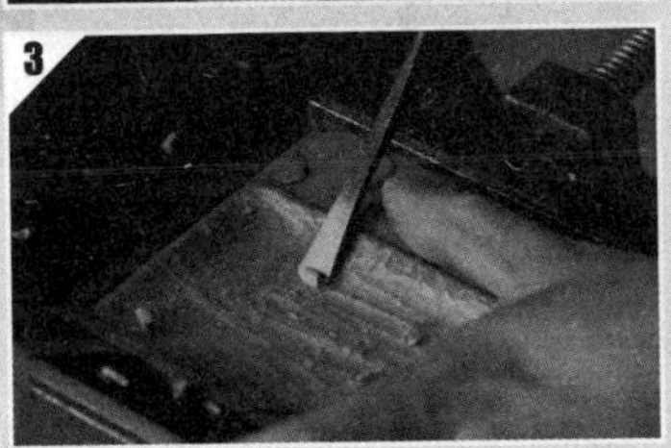

1. 先用三角铲刀刻出外轮廓。

2. 然后用圆铲刀从边缘向中心方向运刀。深度以6～8mm为佳。

3. 铲出合适的深度后，再用玉婉刀将凹面修平。

4. 完成。

# 如何修整 · 手刀

手刀的刀刃异常坚固且锋利，因此能轻松削切木料，使木料变成自己想要的模样。同时，由于手刀非常锋利，因此也可以用来非常精准地画线做记号。

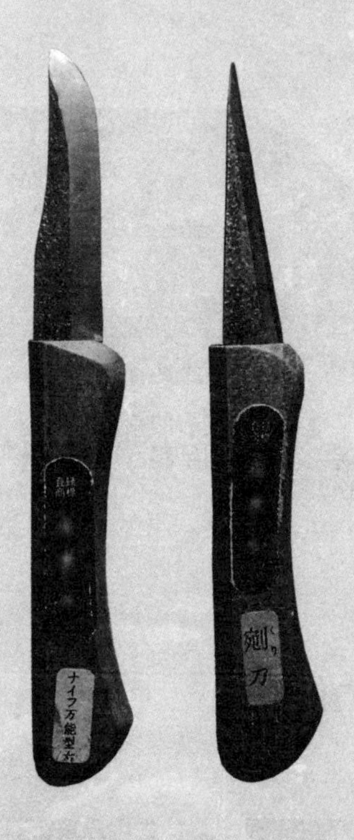


削切木料

画线标记

## 如何打磨手刀

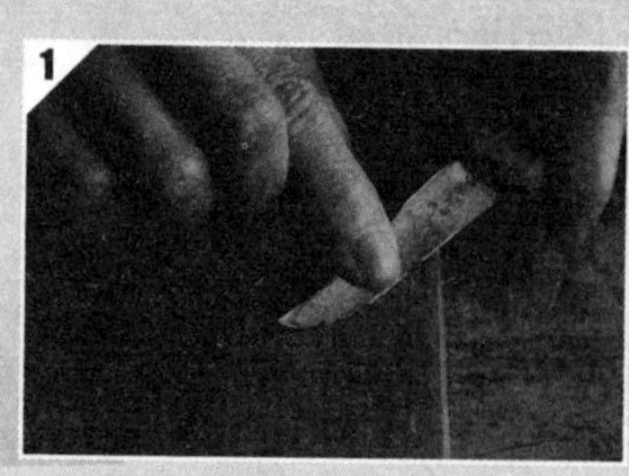

1 先打磨刀刃的一面，轻轻压住刀刃背面，然后保持合适的角度匀速打磨。

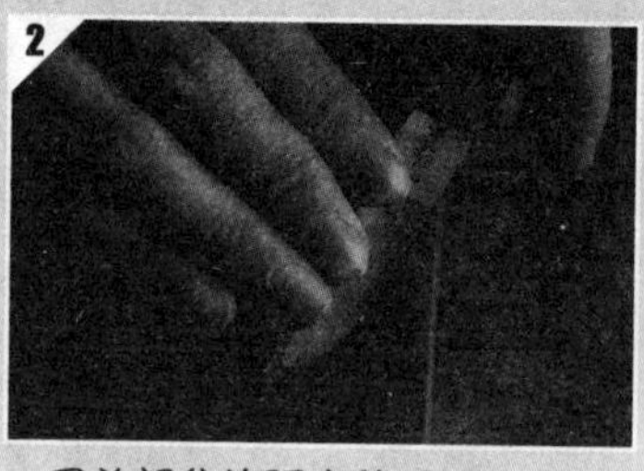

2 刀头部分为弧度的手刀，在打磨的时候，从靠近手柄的部位开始移动，靠近圆弧刀头时逐渐抬高刀尾。

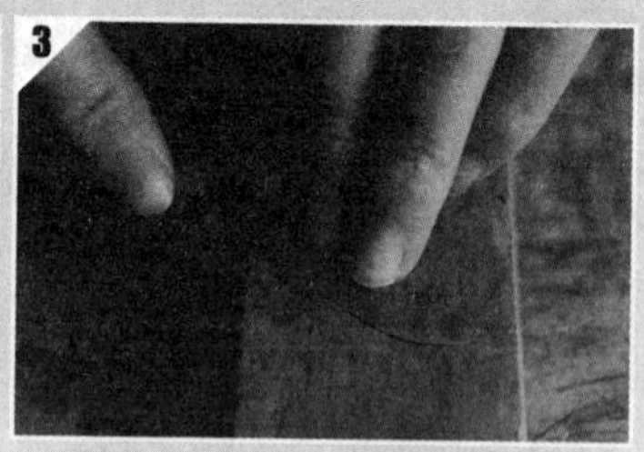

3 用指肚刮一下刃口，如果出现细微的卷边，就可以开始打磨背面了。背面紧贴磨石，将卷边轻轻磨掉。

# 如何修整 · 凿刀

凿刀是木工的基本工具，用于切、修整及成型，通常用来去掉不需要的部分。凿刀的宽度为3～38mm，但是窄的凿刀比宽的凿刀更易控制，所以一般常用的凿刀宽度大致在9～12mm。

## | 修整工具 · 凿刀 |

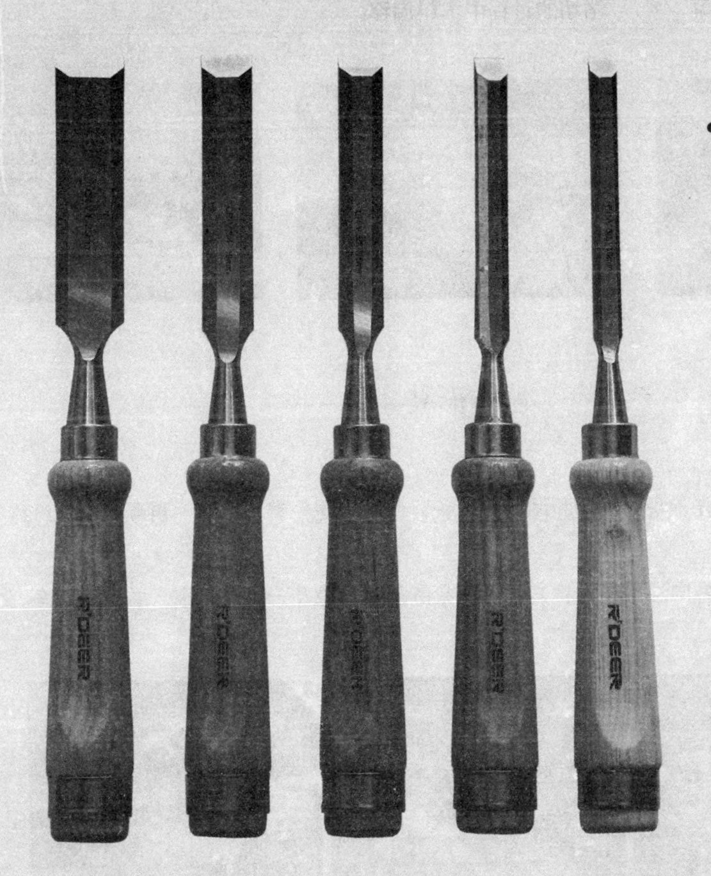


### 凿刀

凿刀由刀刃与凿柄组成。根据使用环境的不同，凿子种类非常繁多。常见的有斜凿、扁凿，斜刃凿等。在使用过程中既可以用手推切，也可以用橡胶锤辅助。

### 抛光砂纸

800～1200目的抛光砂纸，可以将刀刃抛光至镜面效果。

### 磨刀石

磨刀石使用前需提前浸泡在水中，使用时，用夹具将之固定在台面上，以防止磨刀石在打磨过程中移动。

## 垂直开凿

垂直开凿最重要的是使凿子与凿切面保持垂直。你可以视线略高于木料，横向观察凿子是否与凿切面垂直。

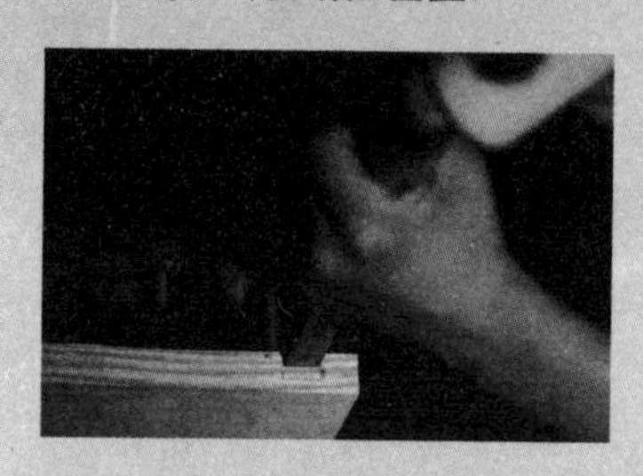

## 水平开凿

水平开凿最重要的是要紧紧地固定住木料，防止在横向凿切的过程中木料偏移。

## 顺着木纹削切

凿刀具有和铲刀类似的用法，可以顺着木纹进行削切。

## 凿方形孔

当凿方孔或榫眼时，先垂直纹路切断两端的木头纤维，以避免劈开木料，再顺着木头纤维凿出方孔的另两条边。

然后，顺着木头纤维方向，用凿刀将方孔内多余的部分一点儿一点儿铲出，并清理干净。

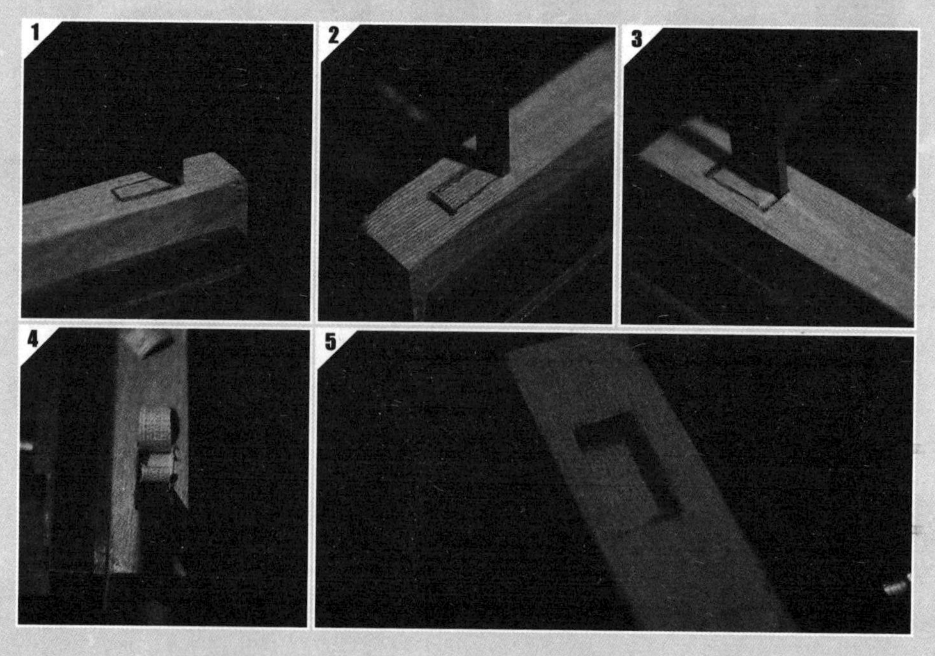

# 如何保养凿刀

凿刀必须非常锋利才能顺利地完成凿削工作。凿刀如果钝了，就要费很大力气才能切断木纤维。因此，必须经常打磨凿刀以保持其锋利。

## | 检验凿刀锋利程度 |

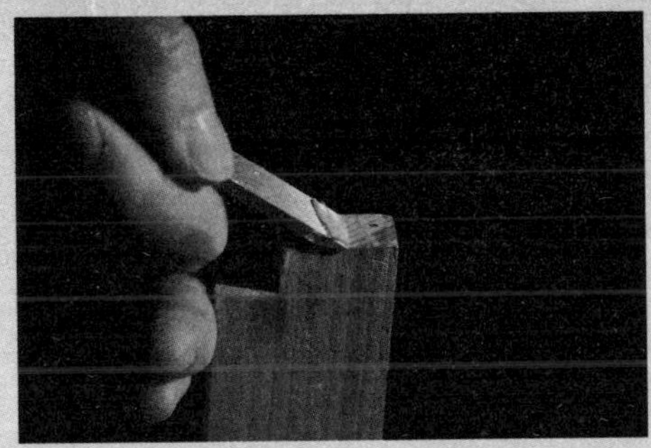

将磨好的凿子削切白松木的横截面，观察削下来的刨花及切割面。锋利的刃口才能削出又薄又完整的刨花，削后的横截面应该是既光滑又整齐的。

经验丰富的话，可以直接用大拇指在刀刃上轻轻刷一下，锋利的刀刃摸起来感到很薄并有挂手的感觉。

## | 打磨凿刀 |

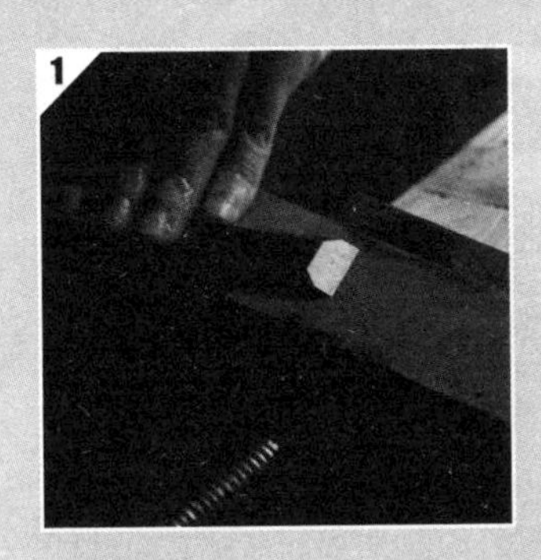


先打磨凿子的背面（没有斜楞的一面）。刃后至少有 2cm 甚至 5cm 长的一段必须是完全平直的。

凿刃后部磨平后,根据所做的木工活的实际需要,确定凿刃前端斜角。角度越小,凿子就越容易凿穿木材纤维，小角度一般为15°～20°，但只适合铲削软木。凿削木材横断面，30°～35°角将更耐用。

用磨刀石打磨完成后，依次在型号为800目、1000目、2000目的抛光砂纸上，将刀刃打磨至镜面效果。

# 如何打磨抛光

在使用锯子粗切成形，或者使用凿子修整出细节后，需要用打磨工具对粗糙的木料进行打磨抛光，来达到最终所期望的平整度。

## | 打磨抛光工具 |

### 砂纸

砂纸是打磨的主要工具。砂纸研磨颗粒的粗细用"目"来表示，目数越大，砂纸上的研磨颗粒越细。 打磨的顺序通常是由粗到细，直到看不出打磨痕迹。

| 种类 | 目数 | 效果 |
| --- | --- | --- |
| 粗磨砂纸 | 50～120 | 粗磨成型，打磨后表面粗糙 |
| 中磨砂纸 | 150～360 | 成型，打磨后表面有细微的划痕 |
| 精磨砂纸 | 400～800 | 打磨后表面比较光滑，用手触摸感觉不到毛刺 |
| 抛光砂纸 | 1000～5000 | 抛光，打磨后表面细腻光滑，散发出光泽 |

### 手磨块

由一块软木及一块同等大小的硬木黏合而成。可以准备多种形状的手磨块，以适应不同部位的打磨工作。

### 硬木锉刀

粗齿的部分齿距大、齿深，不易堵塞，适宜于粗加工及较松软木料的锉削，以提高效率；细齿的部分适宜对材质较硬的材料进行加工，在细加工时也常选用，以保证加工件的准确度。

### 可替换式砂纸

这种带手柄的砂纸使用起来非常方便省力，需要购买配套的砂纸作为替换。

## 固定木料

打磨前需要用台钳将木料牢牢固定住，这样才能实现双手操作。

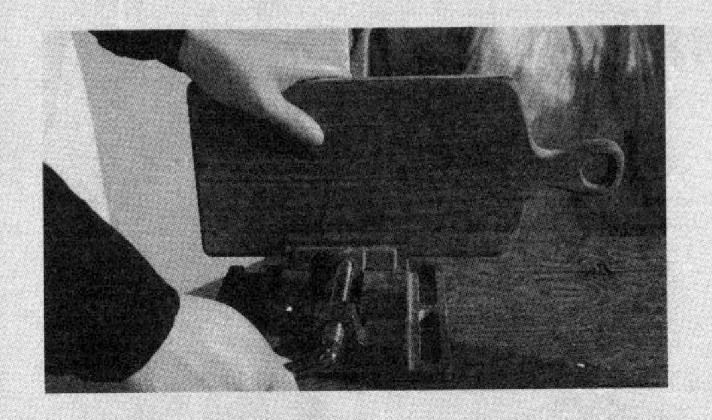

## 打磨平面

通常用砂纸包住手磨块软木的一面来打磨。顺着木纹前后打磨，才不至于出现打磨痕迹。

## 打磨平直的边缘

将砂纸包住长条形或者长方形手磨块，用大拇指和其他手指握住，食指放在手磨块的背部，顺着边缘的方向平移手磨块。

## 打磨曲面或转角

用砂纸包住圆管进行打磨。可以根据弧度大小选择不同粗细的圆管或者圆形木棍。

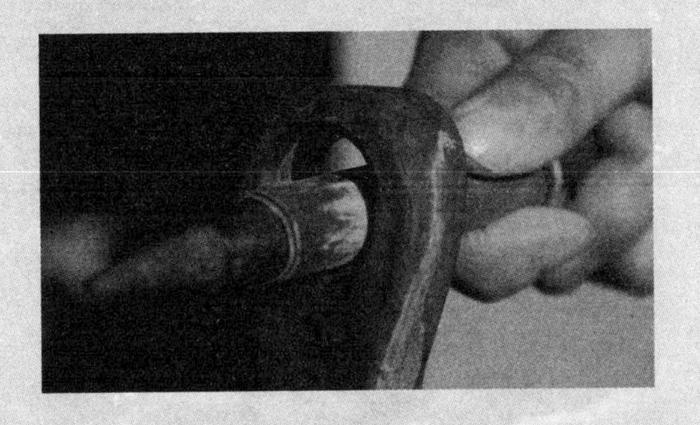

## 用手打磨

用手缠绕、握持砂纸，直接在木料上缓慢、温和地打磨，避免打磨速度过快，可以通过手指的触感及时调整手形和压力。

## 特殊造型的打磨

一些特殊造型及特别细小的结构，如木梳的梳齿部分，可以将砂纸剪裁成长条形，像使用“搓澡巾”一样反复打磨。

# 如何涂装

大多数的木工作品都要根据它的功能和环境刷上保护或美观作用的外涂层。在上漆上色之前，木料的表面应该被处理过，修补所有的木节、小洞或者瑕疵，用砂纸打磨光滑所有的边缘。

## | 涂装材料 |

### 木蜡油

要以精炼亚麻油、棕榈蜡等天然植物油与植物蜡并配合其他一些天然成分融合而成。能渗透进木材内部，给予木材深层滋润养护。

### 水性漆

水性漆是以水作为稀释剂的漆，不需要添加任何固化剂、稀释剂，因此不含甲醛、苯、二甲苯等有害物质，更加环保。

### 油性漆

以干性油为主要成膜物质的一类涂料，涂刷在木质的基面上，易于与基面黏合在一起，在彻底干燥后难以从木材上刮下来。但环保性差，相比水性漆，油性木器漆成分里所含对人体有害的物质极多，如果大量、长期地接触，很容易对人体造成损伤。

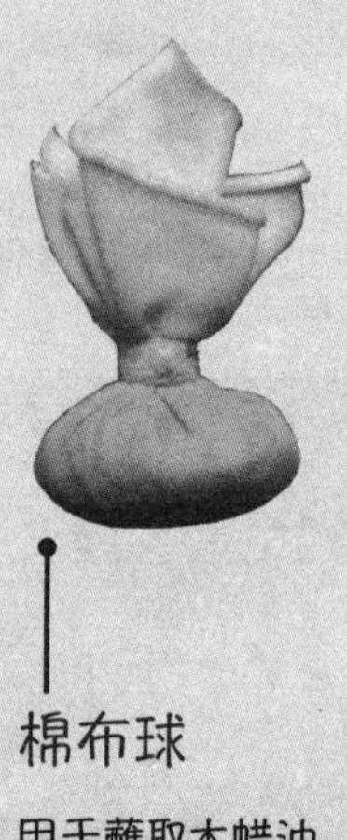

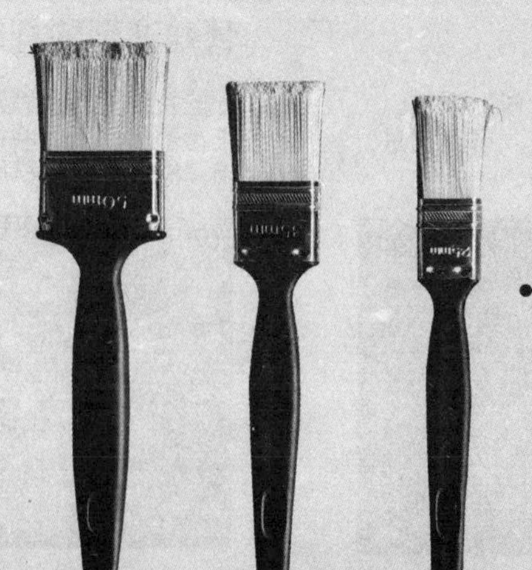

### 油漆刷

用于涂刷漆料。水性漆需选用含涂料好的软毛刷，如羊毛板刷和排笔刷。油性漆则建议选择刷毛稍硬的刷子。

### 棉布球

用于蘸取木蜡油，将木蜡油涂抹到木料上。

## 木蜡油涂装方法

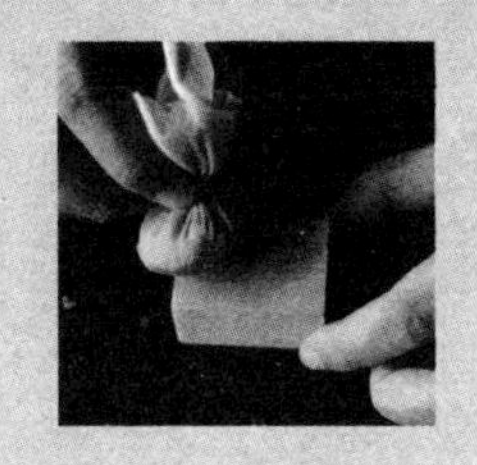

用棉布蘸取适量木蜡油，均匀涂抹到木料的表面。待24小时后，再上一遍木蜡油，完全干燥后，用干棉布反复擦拭抛光。

## 水/油性漆涂装方法

无论是水性漆还是油性漆，在涂布之前，都需要提前将涂料搅拌均匀。

用刷子蘸取涂料，快速涂满木料表面，然后再涂刷侧面边缘。间隔6小时后再涂第二遍。通常涂抹2～3遍会取得比较好的效果。

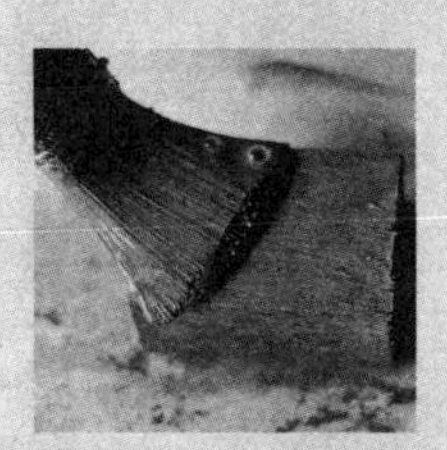

## | 涂装效果展示 |

未涂装

木蜡油

水性漆（仿古漆）

水性漆（白色漆）

油性漆

# 第二章

## 复古风十足的
## 实木餐具

## 工具和材料
TOOLS & MATERIALS

**木料**

黑胡桃木
(15cm×40cm×2cm)

**工具**

白纸1张、铅笔、角尺、剪刀、线锯、桌面固定夹、电钻（8mm或10mm钻头）、迷你刨、木工雕刻刀（丸刀、角刀、玉婉刀）、橡胶锤、砂纸、木蜡油

## 制作步骤
STEPS

取一张和木板等大的白纸，在白纸上画出西式砧板的轮廓线，用剪刀剪下来。

将白纸覆在木板上，用木工铅笔把轮廓线描摹到木板上。

用G夹固定住木板。

沿着画好的轮廓线用线锯切割下来。如果觉得一次切割下来有困难，可以分成几部分一点儿一点儿切割出轮廓。

用电钻钻出一个小孔。钻孔的时候，要注意保持钻孔部位悬空，或者在钻孔部位下面垫一块废木块，以防损伤台面。

将线锯的锯条拆下来，从小孔中穿过，然后重新安装好，沿着线条切割出装饰孔。

西式砧板的大致形状就这样切割出来啦。

用桌面固定夹将砧板垂直固定住。

刚锯出来的木料边缘比较粗糙，直边部分需要用迷你刨进行修整。

曲边部分可以用弧面木工锉刀进行锉削。锉刀锉削方向应与木纹垂直或成一定角度。

比较小的孔洞可以选择合适大小的弧面锉刀进行修整。

用木刻三角刀刻出果酱盘的边缘形状。

开始用木刻丸刀挖槽。从边缘向中心运刀。

可以用橡胶锤轻轻地敲击刻刀尾部来加大运刀的力度。最后，用玉婉刀将凹面修光、修平。

直边可以用修光刨修整到完全平整，不留一点儿凹槽。

然后将砂纸包在木块上，依次用型号为240目、400目、800目、1200目的砂纸打磨到边缘光滑。

装饰孔及凹面用大拇指抵住砂纸打磨。同样，砂纸精度由粗到细。

最后打磨整个砧板。

用棉布蘸取适量木蜡油，以画圈的方式均匀涂抹到砧板表面。

待24小时后，再上一遍木蜡油，完全干燥后，用干棉布反复擦拭抛光。

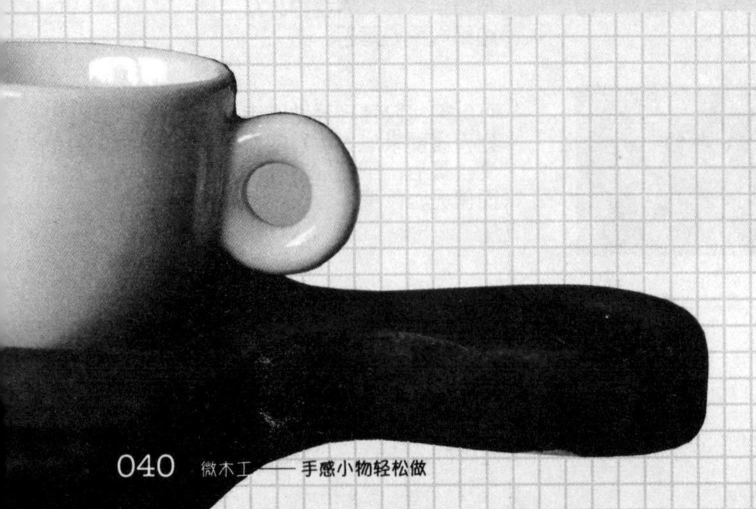

## 工具和材料
TOOLS & MATERIALS

**木料**

梨木
(2.5cm×20cm×1cm)

**工具**

铅笔、角尺、线锯、桌面固定夹、木工手刀、丸刀、
角刀、玉婉刀、锉刀、砂纸、木蜡油

# 制作步骤

## STEPS

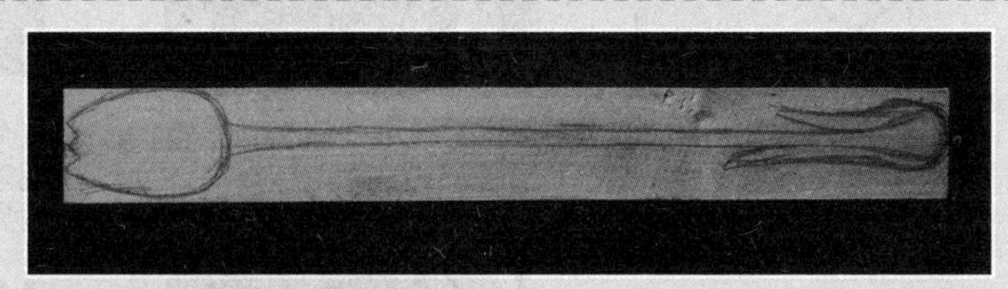

在木料上画出小勺的轮廓线。

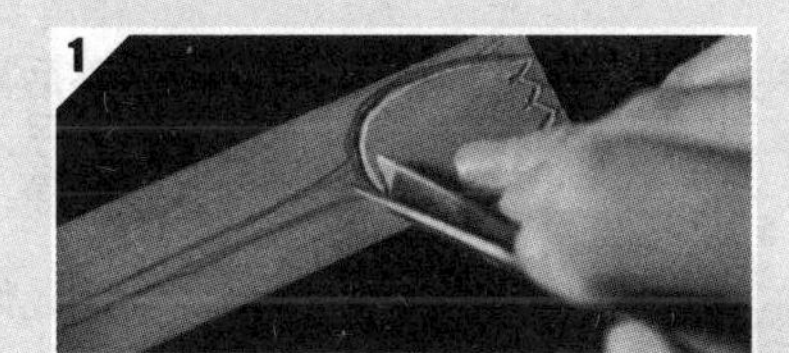

用木刻三角刀刻出勺头的形状。

用桌面固定夹固定好木料后，将勺子勺头的凹陷部分用木刻丸刀铲出。

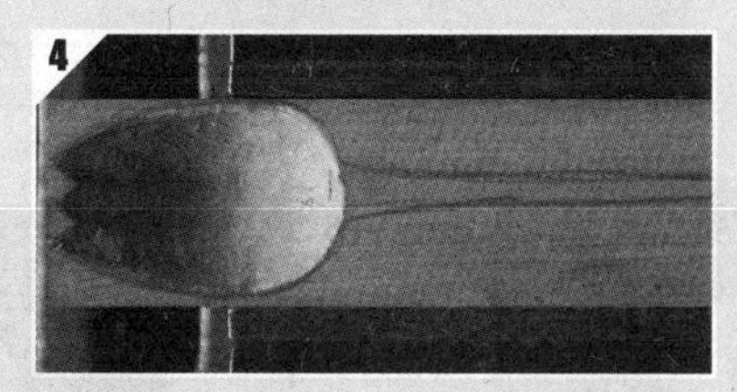

从边缘向中心方向运刀。深度以6～8mm为佳。铲出合适的深度后，再用玉婉刀将凹面修光、修平。

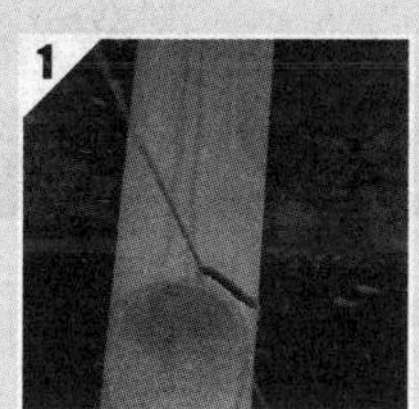

沿着画好的轮廓线，用线锯切割出小勺的形状。

## 第四步 修整

用铅笔在小勺侧面画出轮廓线。

从勺头开始，用木刻手刀沿着画好的轮廓线，削出大致的形状。

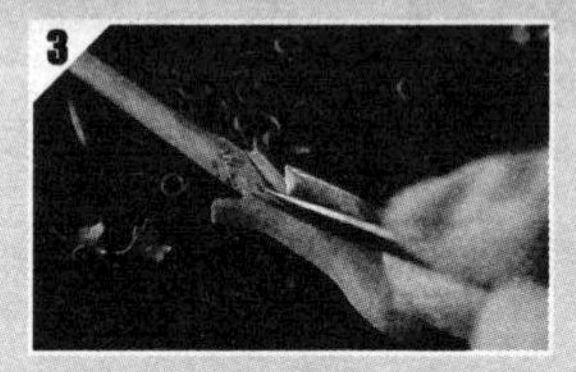

用木刻三角刀在勺尾雕刻出叶子的线条。

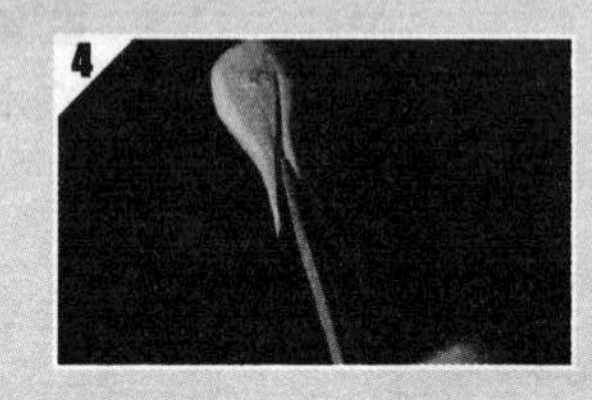

然后再用迷你三角锉刀将叶子之间多余的部分清理干净。

用迷你三角锉刀在勺头打磨出郁金香状的凹槽。

## 第五步 打磨抛光

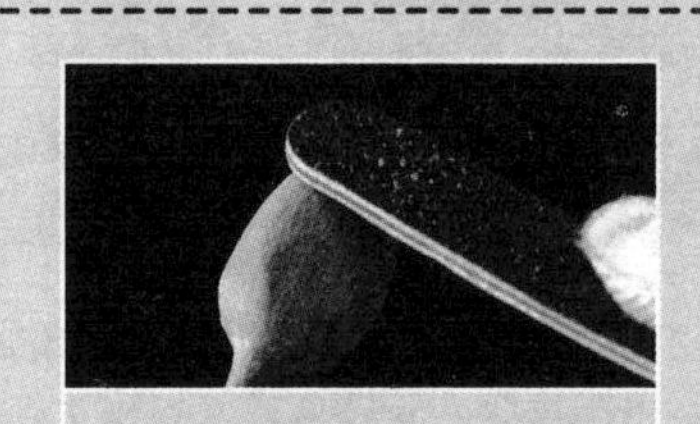

依次使用型号为240目、400目、800目、1200目的砂纸打磨到边缘光滑。

## 第六步 上油

用棉布蘸取适量木蜡油，均匀涂抹到小勺的表面。待24小时后，再上一遍木蜡油，完全干燥后，用干棉布反复擦拭抛光。

## 工具和材料
TOOLS & MATERIALS

**木料**

梨木
(2.5cm×20cm×1cm)

**工具**

铅笔、角尺、手锯、线锯、桌面固定夹、木工手刀、丸刀、角刀、玉婉刀、平面锉刀、三角锉刀、砂纸、木蜡油

## 制作步骤

STEPS

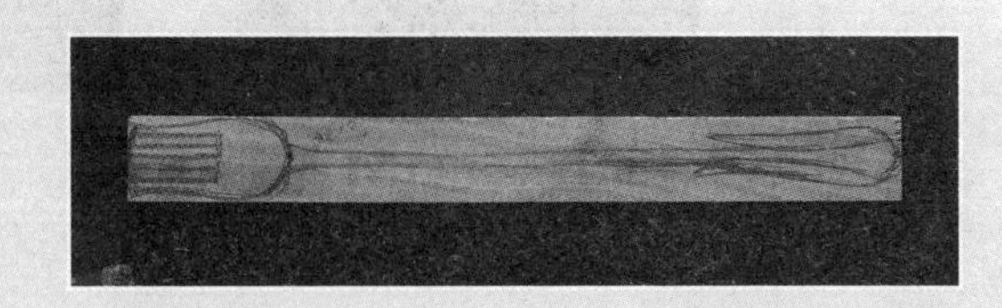

在木料上画出小叉子的轮廓线。

用手锯沿着画好的线锯出叉头的齿。

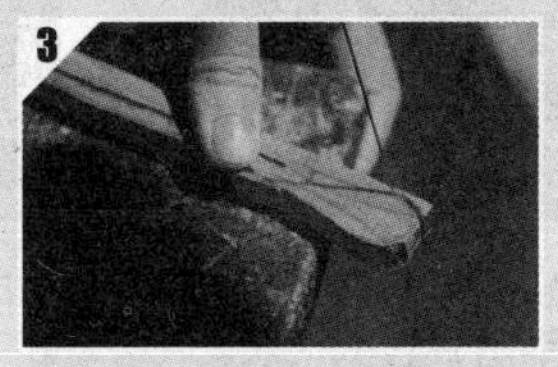


然后用线锯将小叉子的形状切割出来。

在叉子侧面用铅笔画出轮廓线。

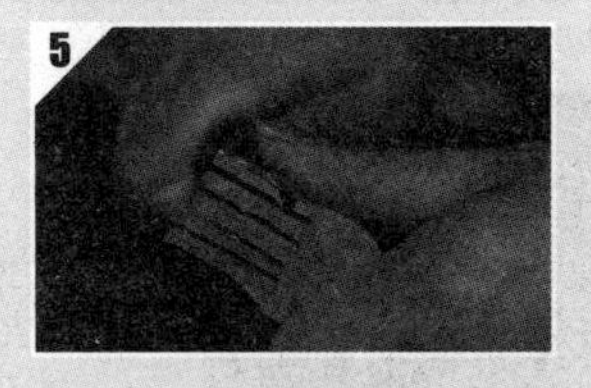


根据画出的轮廓线，用木刻手刀削切出叉头的形状。

用木刻三角刀刻画出叉头的轮廓线。

像挖小勺一样，用木刻丸刀将叉子的叉头铲薄。

然后用迷你锉刀将叉头每个齿之间的空隙清理干净。

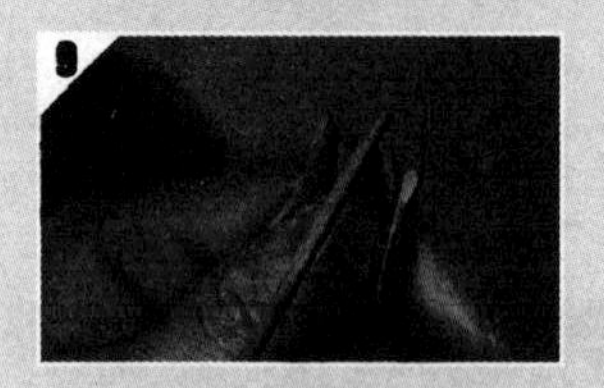

用锉刀将叉头各齿打磨成尖角。

用锉刀修整叉子木柄的形状。

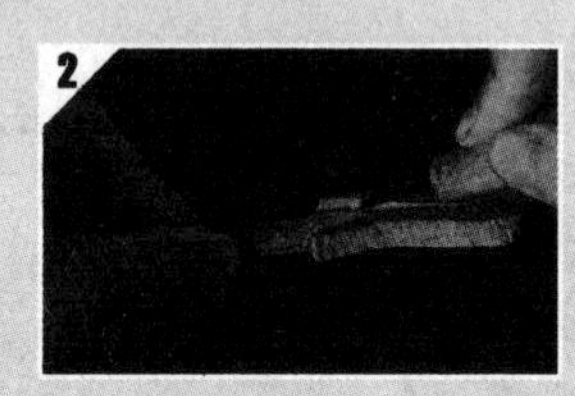


然后用木刻三角刀雕刻出叶子的线条。

沿着画好的轮廓线，用木刻手刀削出大致的形状。

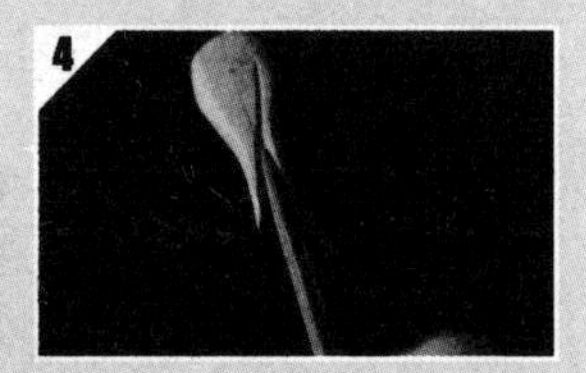


最后再用迷你三角锉刀将叶子之间多余的部分清理干净。

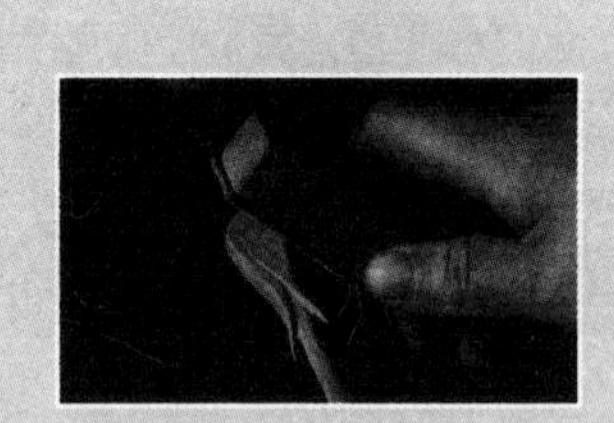

依次使用型号为240目、400目、800目、1200目的砂纸打磨到边缘光滑。

用棉布蘸取适量木蜡油，均匀涂抹到小勺的表面。待24小时后，再上一遍木蜡油，完全干燥后，用干棉布反复擦拭抛光。

## 工具和材料
TOOLS & MATERIALS

**木料**

梨木
(2.5cm×20cm×1cm)

**工具**

铅笔、角尺、线锯、桌面固定夹、木工手刀、
锉刀、砂纸、木蜡油

## 制作步骤

STEPS

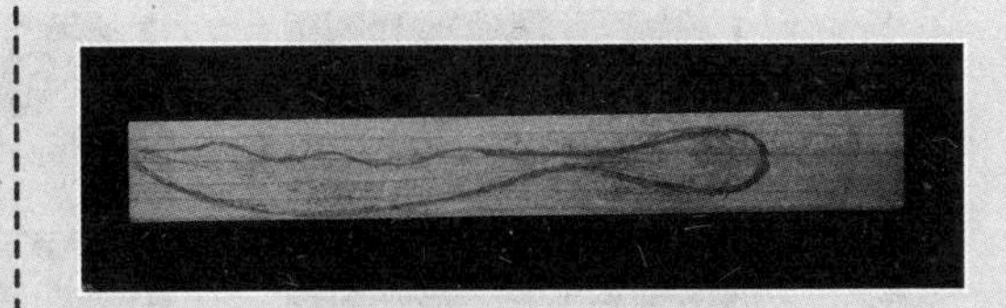

在木料上画出黄油刀的轮廓线。

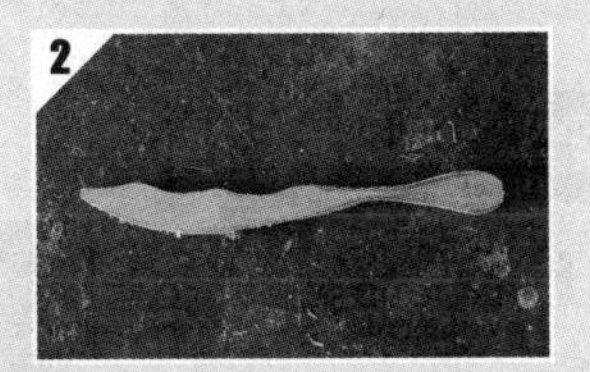


沿着画好的轮廓线，用线锯切割出黄油刀的形状。

画出黄油刀的侧面轮廓线。

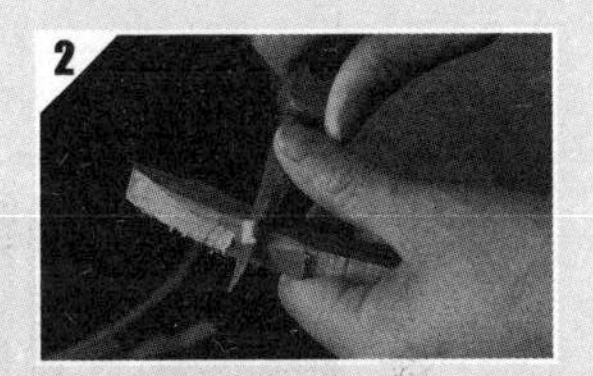


沿着侧面的轮廓线，用手刀将黄油刀的侧面削薄。

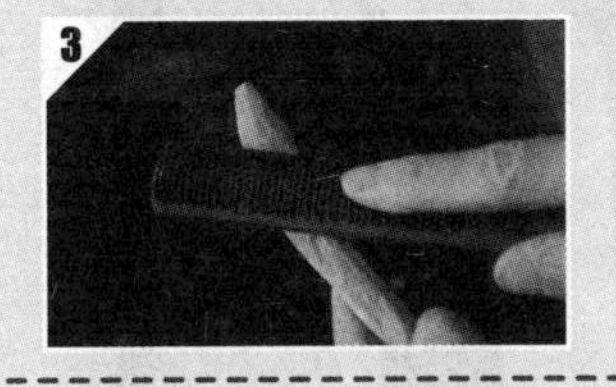


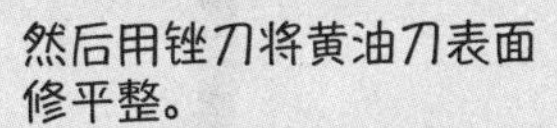

然后用锉刀将黄油刀表面修平整。

画出叶脉线条。

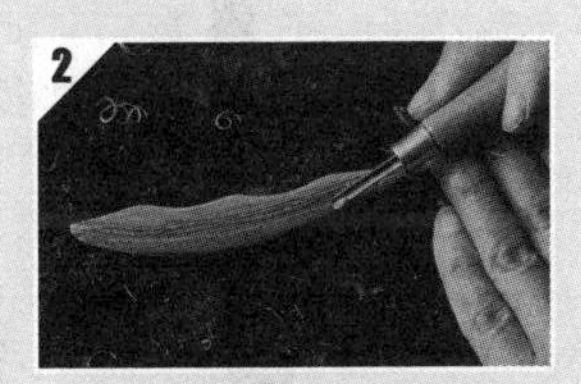


用木刻铲刀将叶脉两边的区域铲薄。

用砂纸将叶脉两边打磨光滑。

依次使用型号为240目、400目、800目、1200目的砂纸打磨到边缘光滑。

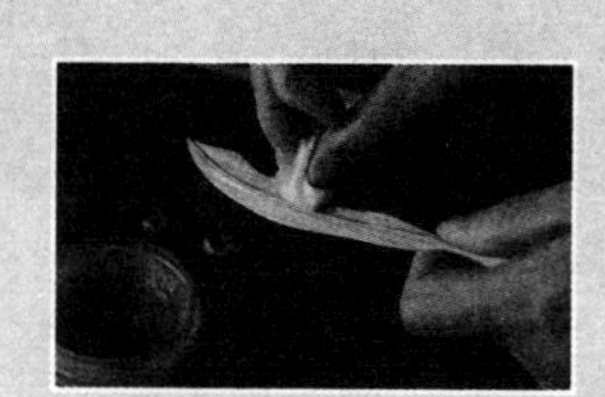

用棉布蘸取适量木蜡油，均匀涂抹到黄油刀的表面。待24小时后，再上一遍木蜡油，完全干燥后，用干棉布反复擦拭抛光。

## 工具和材料

TOOLS & MATERIALS

**木料**

榉木
(10cm×10cm×1.8cm)

**工具**

铅笔、角尺、线锯、桌面固定夹、木工手刀、
丸刀、角刀、玉婉刀、锉刀、砂纸、
木蜡油

# 制作步骤

## STEPS

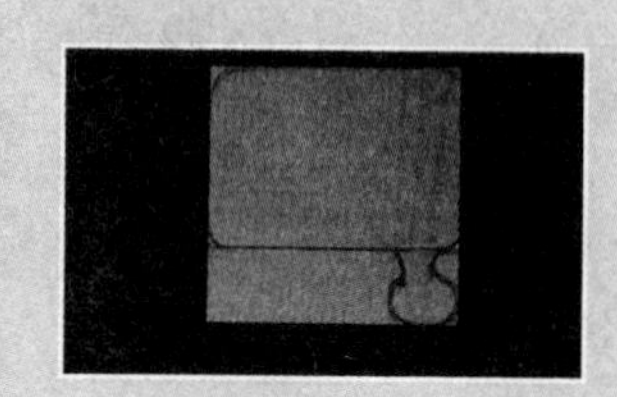

在木料上画出小盘子的轮廓线。要注意的是：盘子的手柄应与木纹的方向保持一致。

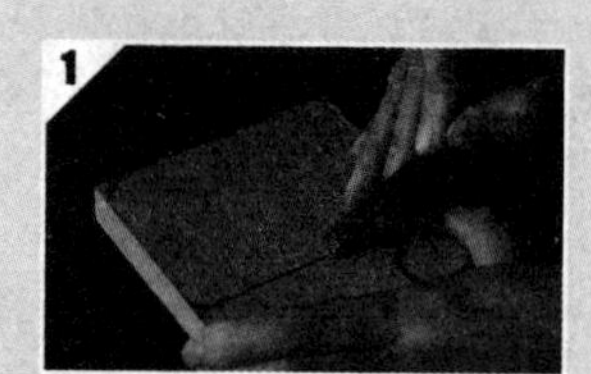


用木刻三角刀刻出盘子的形状。

用桌面固定夹固定好木料后，将盘子的凹陷部分用木刻丸刀铲出。

从边缘向中心方向运刀。深度以6～8mm为佳。铲出合适的深度后，再用玉婉刀将凹面修光、修平。

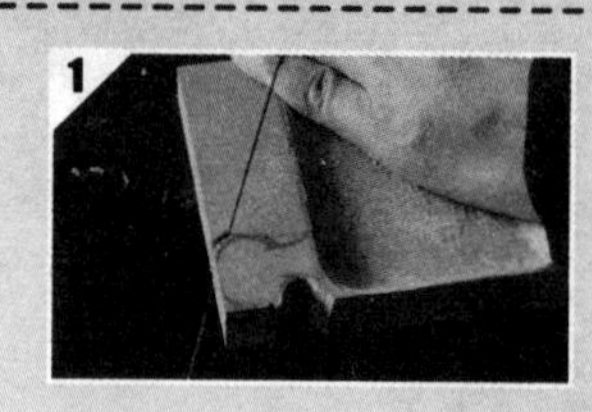

沿着画好的轮廓线，用线锯切割出盘子的形状。

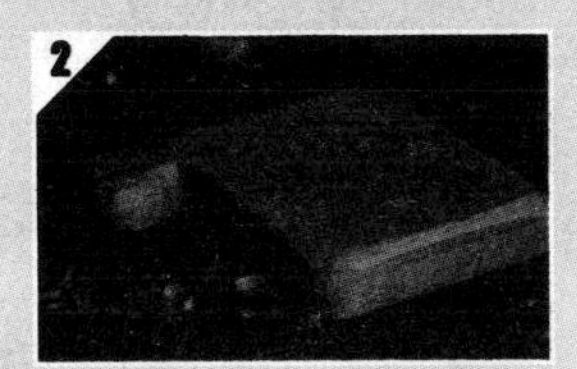


用迷你刨将盘子的边缘刨成弧形。

用木刻三角刀刻出手柄与盘子的分界线。

然后再用木刻丸刀刻出手柄的弧度。

修整细节完成。

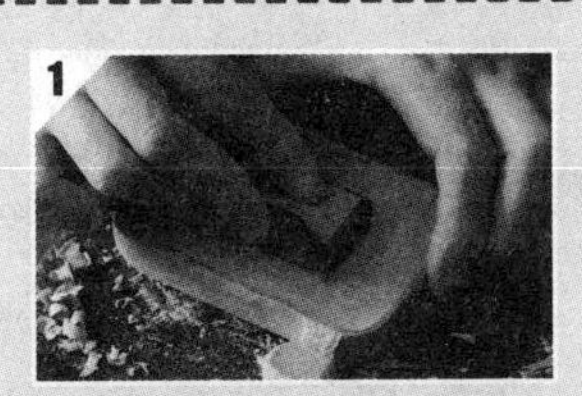


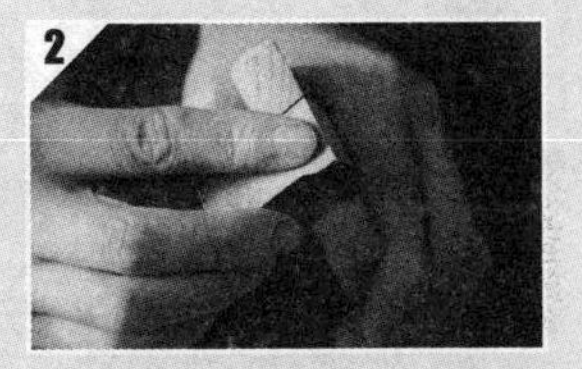


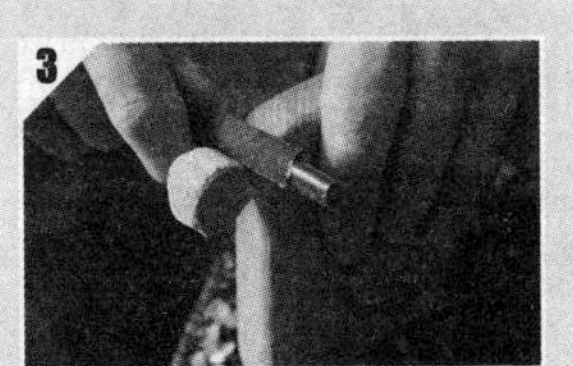

依次使用型号为240目、400目、800目、1200目的砂纸打磨到质地光滑。

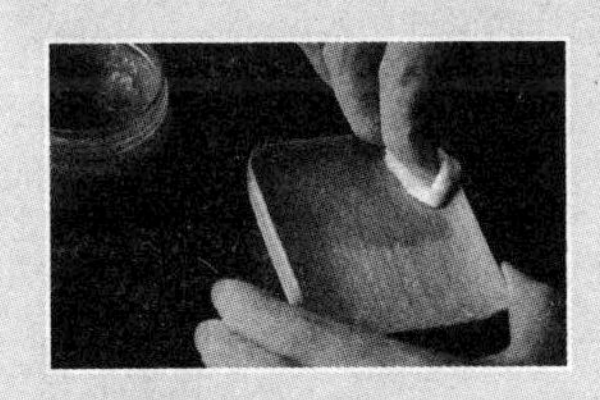

用棉布蘸取适量木蜡油，均匀涂抹到小盘子的表面。待24 小时后，再上一遍木蜡油，完全干燥后，用干棉布反复擦拭抛光。

# 第三章

## 治愈系的木质
## 家居小物

## 工具和材料
TOOLS & MATERIALS

**木料**

榉木

(5cm×10cm×0.5cm)

**五金及配件**

螺丝钉（5mm长）×2

牛皮（2.5cm×8cm）×1

领结扣带 ×1

**工具**

铅笔、角尺、线锯、桌面固定夹、

锉刀、砂纸、木蜡油、螺丝刀

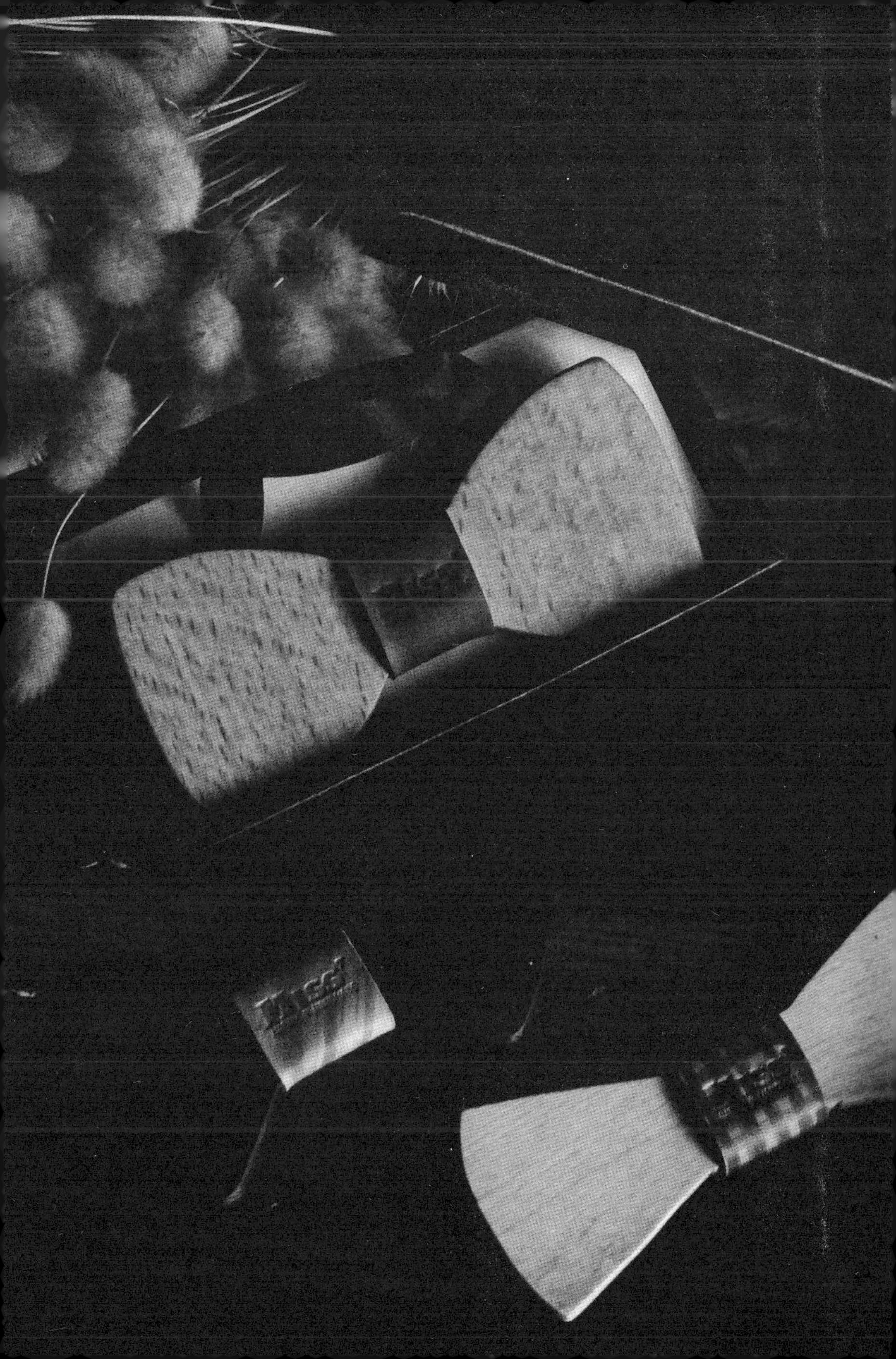

## 制作步骤
## STEPS

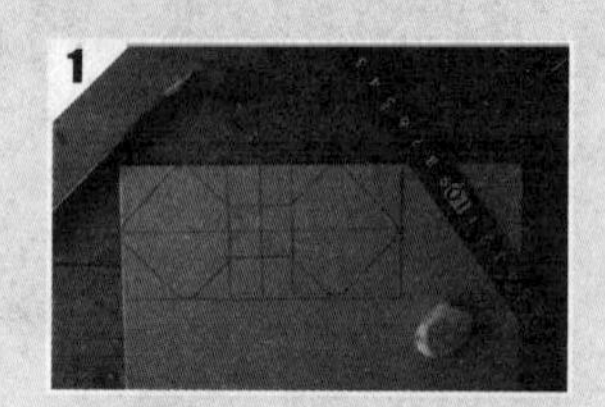


在卡纸上画出木领结的外轮廓。

用剪刀沿着轮廓线剪下来。

沿着纸板的边缘，将木领结的轮廓线描摹到木板上去。

用G夹将木板牢牢地固定在桌子边缘，领结悬空，以方便切割。

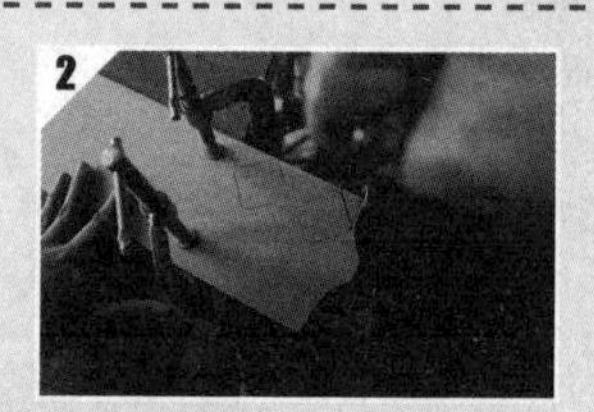


从边缘开始，沿着画好的轮廓线切割。

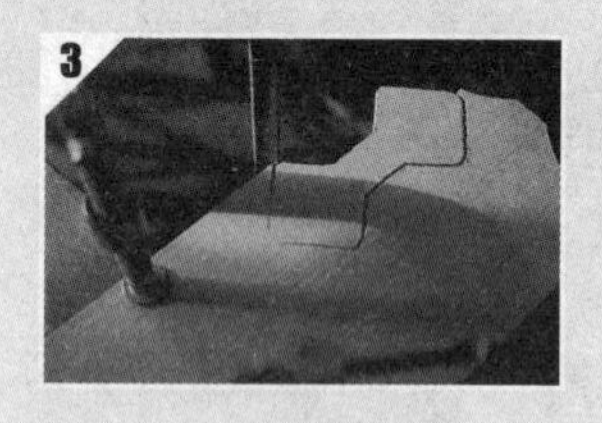


在切割过程中，可以根据实际情况，随时调整木板的方向，分区切割。

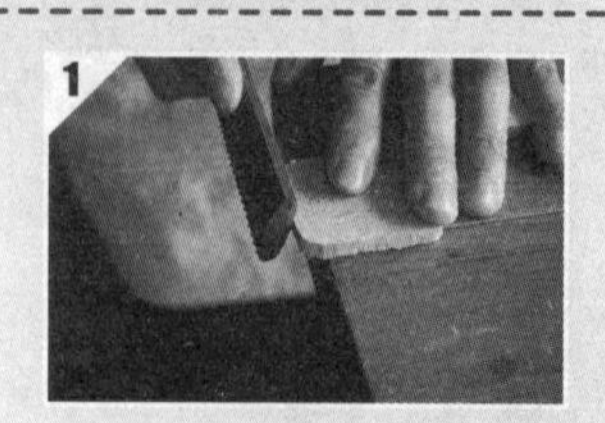


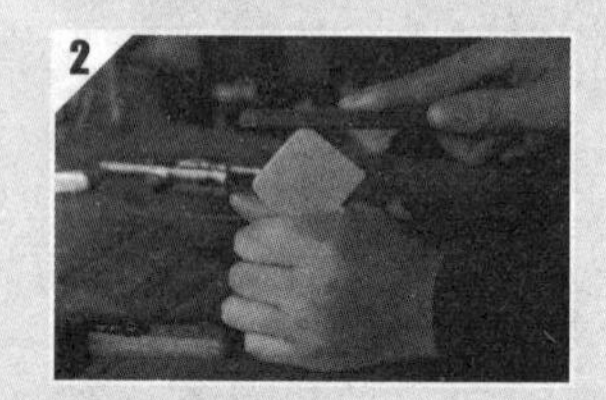


用整形木锉刀将领结的边缘修理平整。

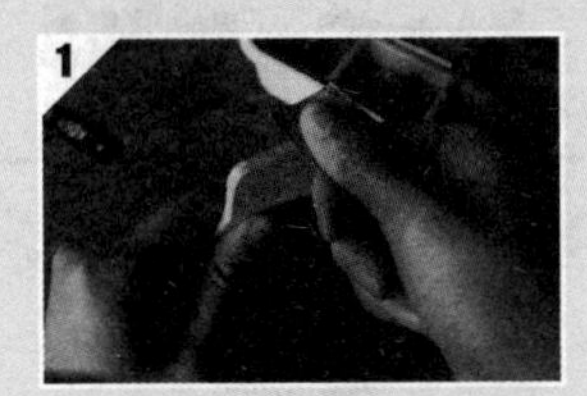

依次使用型号为240目、400目、800目、1200目的砂纸将木领结的表面和边缘打磨到质地光滑。

用棉布蘸取适量木蜡油，均匀涂抹到木领结的表面及边缘。待24小时后，再上一遍木蜡油，完全干燥后，用干棉布反复擦拭抛光。

准备好一根领结带、两颗5mm长的小螺丝钉，一块领结的装饰布（装饰皮）以及一把螺丝刀。

将装饰皮包裹住木领结以及领结带的一端。

用两颗螺丝钉固定整个木领结。

完成。

## 工具和材料
TOOLS & MATERIALS

**木料**

黑胡桃木
(3cm×3cm×1cm)

**工具**

铅笔、圆规、线锯、桌面固定夹、
电钻（8mm或10mm钻头）、
锉刀、砂纸、木蜡油

# 制作步骤

## STEPS

在木料上用铅笔画出戒指的形状。然后用电钻在戒指内圆中心钻出一个圆孔，以便线锯锯条可以穿过切割。

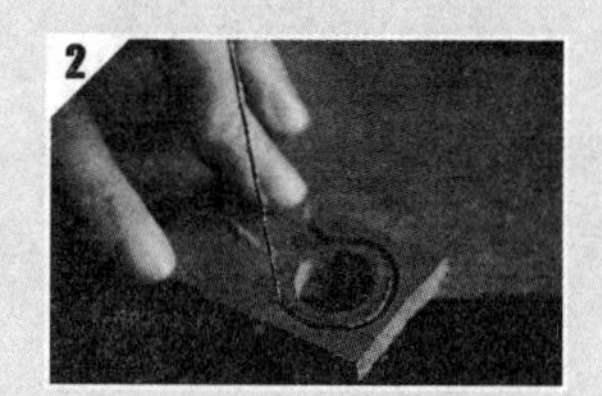


用线锯先切割出戒指的内圆，然后再将外轮廓切割出来。

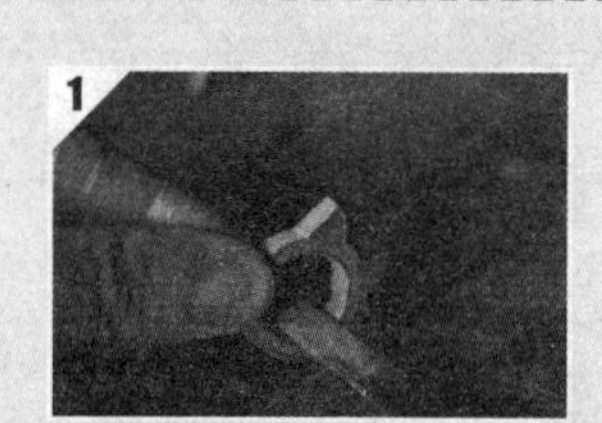


先用半圆锉刀将戒指内侧锉出适合手指的大小，并且使内壁光滑平整。

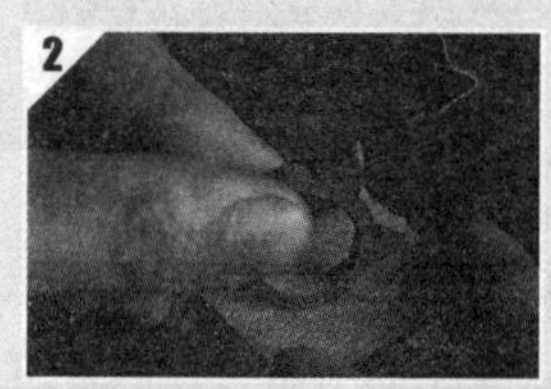


然后用粗砂纸将外侧修整磨圆。

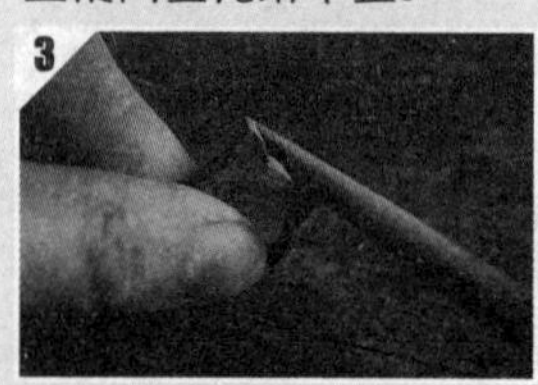


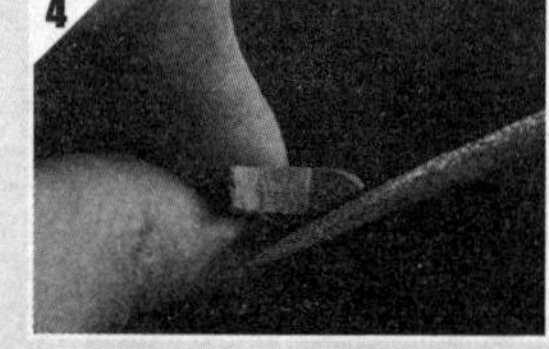


戒指造型的凹陷部分，可以视情况分别使用三角锉刀、半圆锉刀、平锉刀来修整。

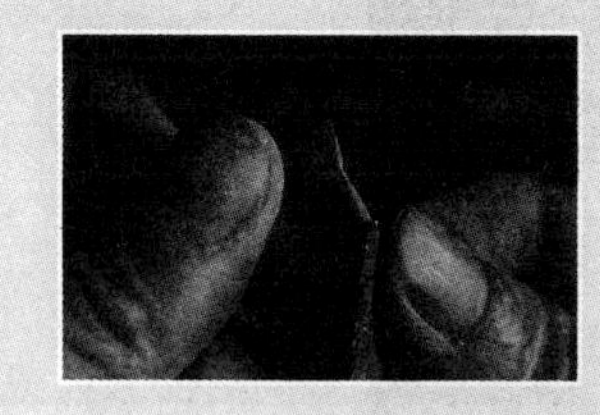

依次使用型号为240目、400目、800目、1200目的砂纸将木戒指的表面打磨到质地光滑。

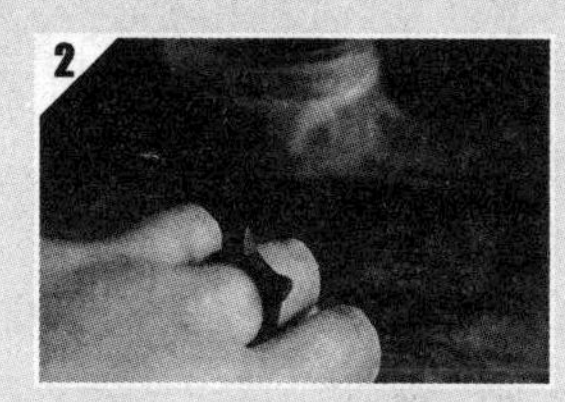

用棉布蘸取适量木蜡油，均匀涂抹到木领结的表面及边缘。待24小时后，再上一遍木蜡油，完全干燥后，用干棉布反复擦拭抛光。

## 工具和材料
TOOLS & MATERIALS

**木料**

黑檀木
(10cm×10cm×1cm)
纯银线
(直径0.1cm、长度5cm)

**工具**

铅笔、圆规、线锯、桌面固定夹、
电钻（8mm或10mm钻头）、半圆木锉刀、砂纸、
小铁锤、木蜡油、尖头钳子

## 制作步骤
STEPS

画线切割的步骤与木质戒指相同，操作方法见第66页。

用木锉刀将手镯表面修整平滑。并把准备缠绕银线的部位磨细。

依次使用240目、400目、800目、1200目的砂纸将手镯的表面打磨到质地光滑。

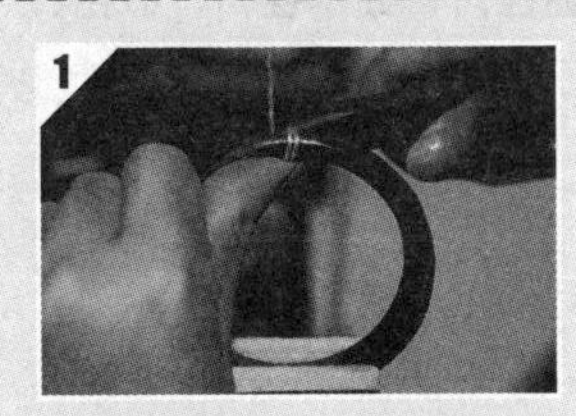

用钳子将银线缠绕到手镯较细的部位，缠绕完成后，用小铁锤将银线敲打平整。

## 工具和材料
TOOLS & MATERIALS

**木料**

非洲花梨木
(12cm×60cm×1cm)

**工具**

铅笔、角尺、手锯、线锯、桌面固定夹、平面锉刀、方锉刀、圆锉刀、硬木锉刀、砂纸、
木蜡油

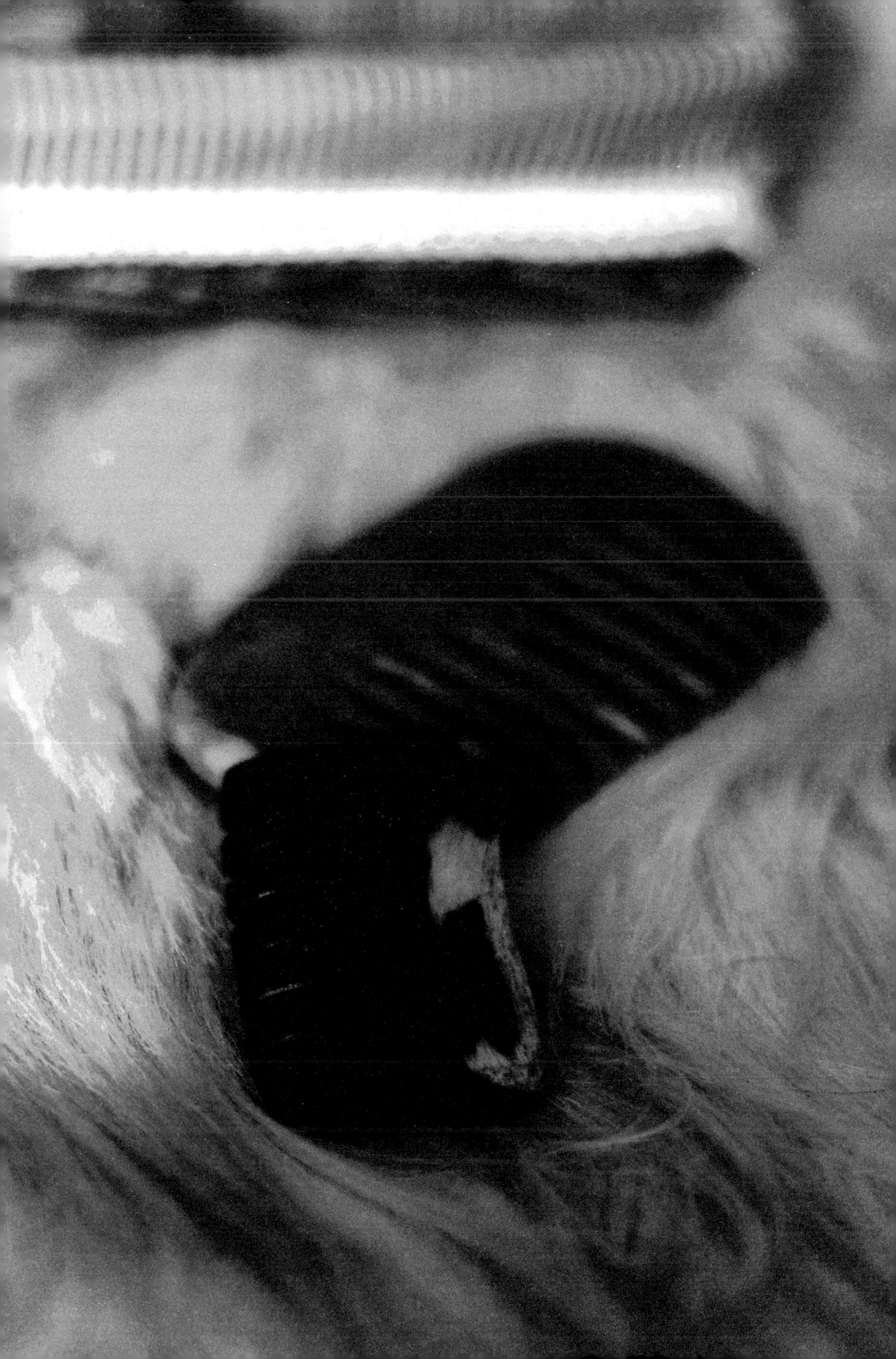

# 制作步骤
STEPS

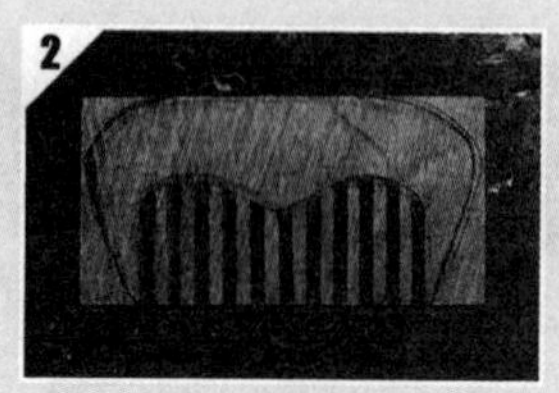

在木料上画出木梳的轮廓。梳齿部位可以用黑色水笔描摹清晰。

用线锯切割出木梳的外轮廓。

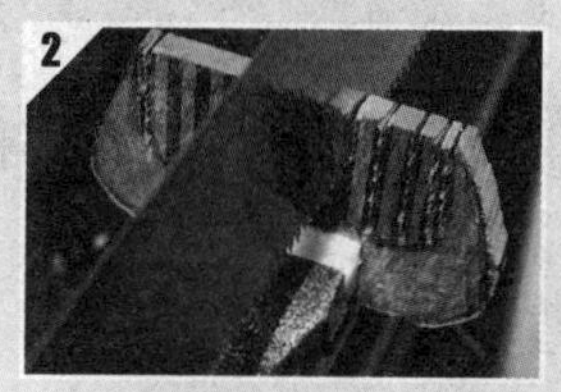

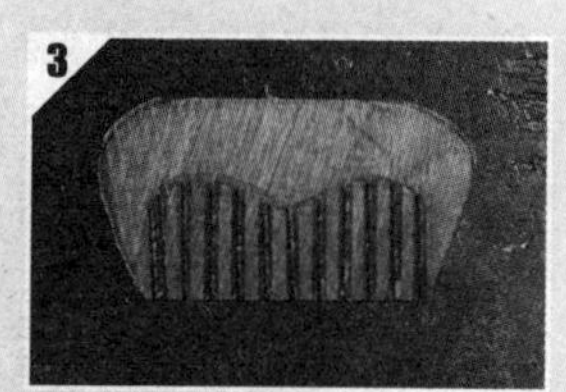

然后再用手锯将梳齿部分切割出来。使用手锯的时候，注意手锯与梳齿保持垂直，避免切割出的梳齿歪斜或宽窄不均匀。

用平锉刀修整梳齿部分，使梳尺间距相等，粗细相同。

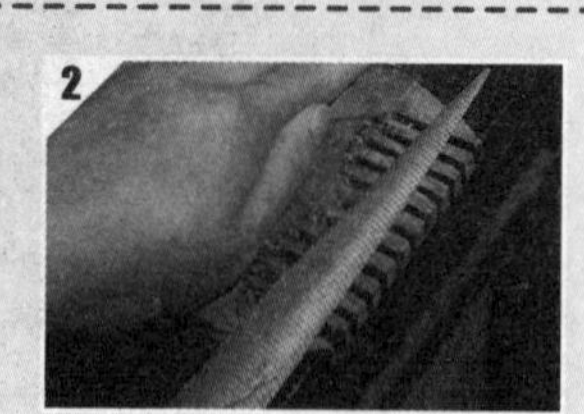

然后用硬木锉刀将梳齿部分锉薄。

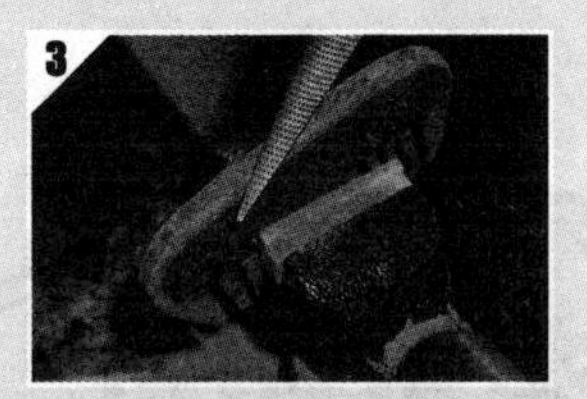

修整梳子背部。

用方锉刀将梳齿根部修平整。

用圆锉刀在梳齿根部锉出一个小凹槽。

用三角锉刀将梳齿尖部修整成尖角。

## 第四步 打磨抛光

将砂纸剪裁成长条形，使用像“搓澡巾”一样反复打磨梳齿部分。

依次使用型号为240目、400目、800目、1200目的砂纸将木梳的表面打磨到质地光滑。

## 第五步 上油

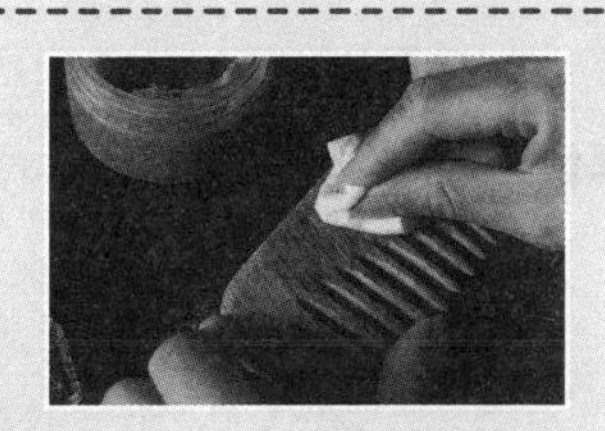

用棉布蘸取适量木蜡油，均匀涂抹到木梳的表面及边缘。待24小时后，再上一遍木蜡油，完全干燥后，用干棉布反复擦拭抛光。

## 工具和材料
TOOLS & MATERIALS

**木料**

A 沙比利木（18cm×5cm×2cm）×4

B 榉木（10cm×10cm×0.2cm）×1

C 榉木（2cm×4cm×0.5cm）×4

D 玻璃片（10cm×10cm×0.2cm）×1

E 榉木（2cm×6cm×0.2cm）×1

**五金**

螺丝钉（5～8mm长）×5

D字形挂钩 ×1

**工具**

铅笔、角尺、线锯、结实的绳子、桌面固定夹、

凿刀、方锉刀、白胶、砂纸、

木蜡油、螺丝钉、螺丝刀

## 制作步骤
STEPS

选择4块同样大小的木料。

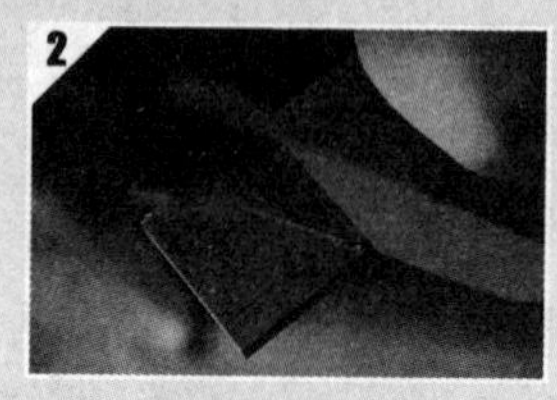
两端沿45°角切割。

每块木料都切割成相同的等腰梯形。

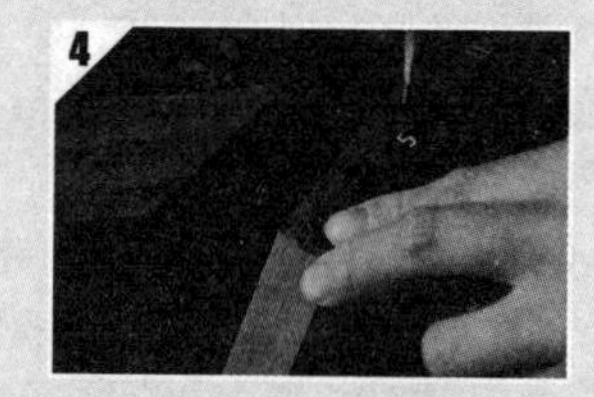
在木料梯形短边正面画出一条1cm宽的线，并在侧面画出一条0.5cm宽的线。

用手锯沿画好的线切割掉多余的部分。

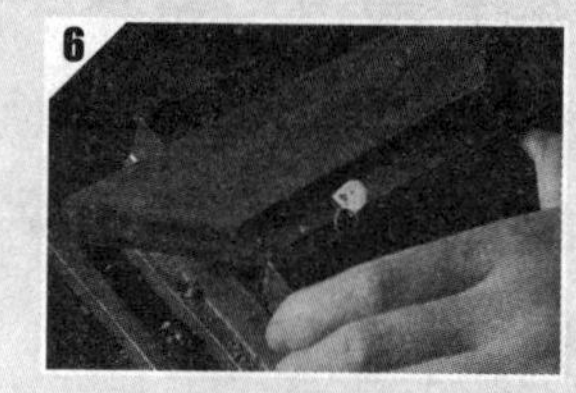
用凿刀清理干净。

其他3块木料用同样的方法处理。

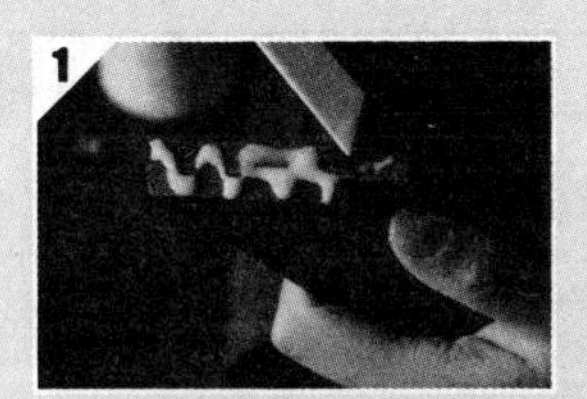


连接面涂抹白胶。

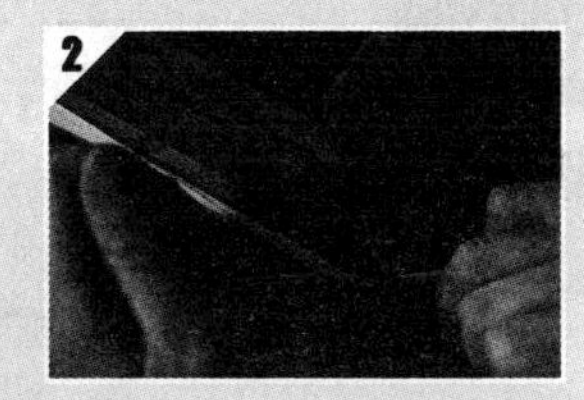


拼接成正方形，然后用结实的绳子捆扎一周，将木料紧紧地固定住。

切割木料产生的木屑与白胶按1:1的比例混合均匀。

将木屑与白胶的混合物填补在拼接的缝隙中。静置6小时后解开绳子。

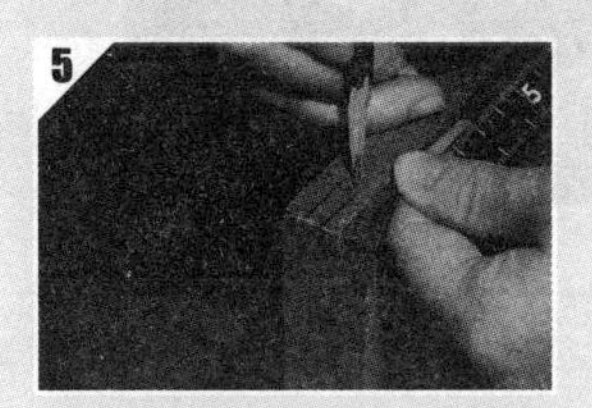


如上图所示，在四角分别画出两条间隔0.5cm、长度为1.5cm的短线。

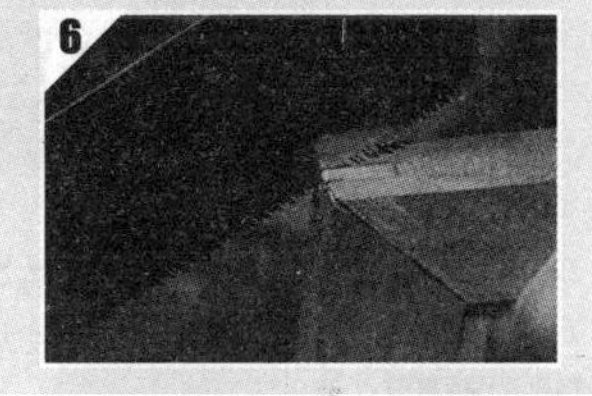


沿画好的线切割出一个凹槽。

用方锉刀将凹槽底面打磨平整。

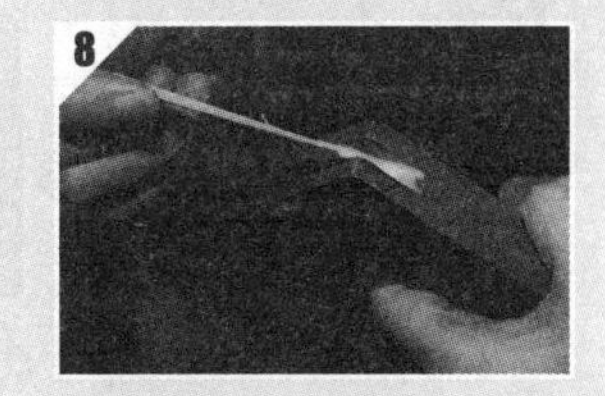


凹槽内涂抹白胶。

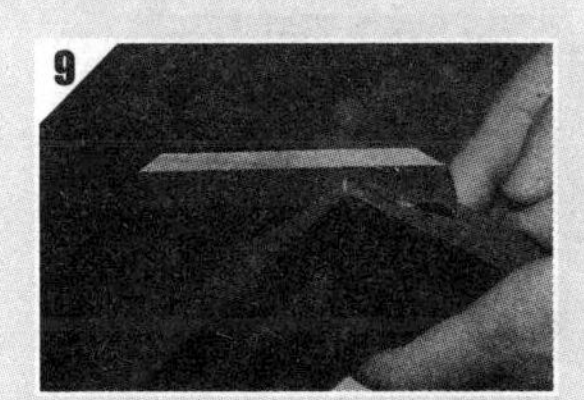


将2cm×4cm×0.5cm的榉木塞进去。

静置6小时固定住后，将多余部分锯掉。

用迷你刨将相框边缘的棱角刨出平滑的弧度。

相框的内角用凿子修平整。

依次使用型号为240目、400目、800目、1200目的砂纸将相框的表面打磨到质地光滑。

用棉布蘸取适量木蜡油，均匀涂抹到相框的表面以及边缘。待 24 小时后，再上一遍木蜡油，完全干燥后，用干棉布反复擦拭抛光。

在厚度为0.2cm的榉木片上，画出4个水滴状的压舌的外轮廓。

用线锯分别切割下来。

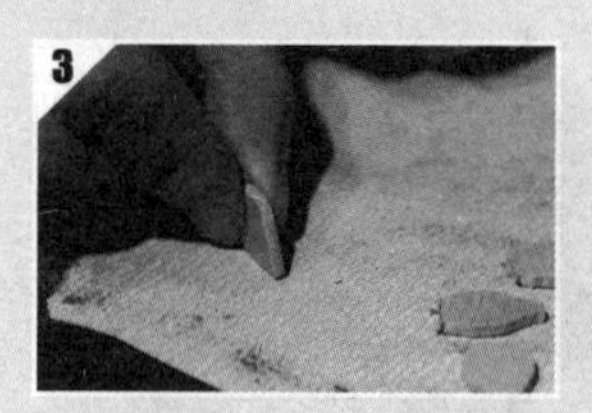


用砂纸将小压舌的边缘打磨光滑。

并用直径2mm的钻头，在压舌圆头的一端打孔。

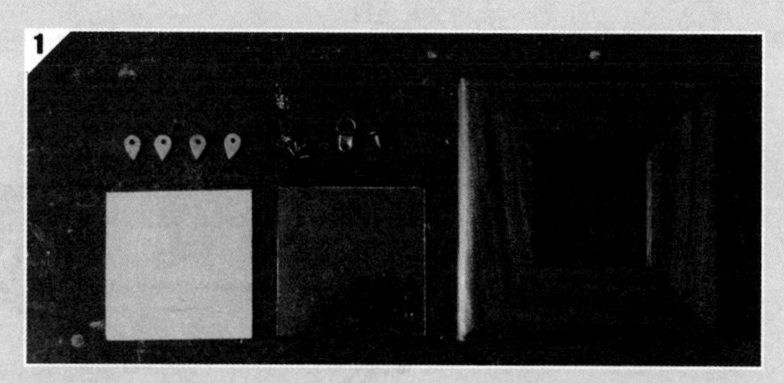

将相框的各个零部件准备好。

将4个小压舌分别用螺丝钉固定在相框内框的中间位置。

最后，将 D字形挂钩固定在相框顶部的中间位置。

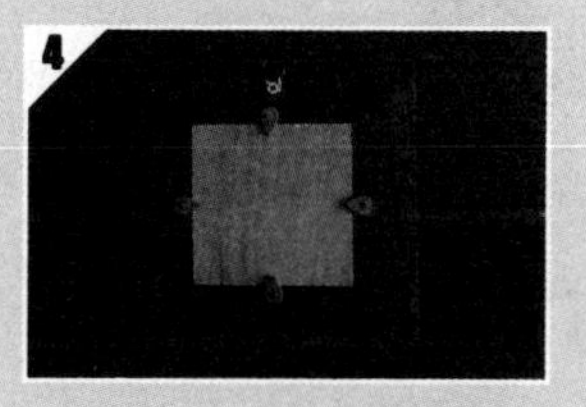

组装好后的相框背面。

相框正面。

## 工具和材料
TOOLS & MATERIALS

**材料**

A 榉木（45cm×5cm×1cm）×1

B 榉木（13cm×14cm×0.5cm）×1

C 植鞣皮 （16cm×2cm；厚0.15cm）×2

**五金**

螺丝钉（8～10mm长）×2

小铜钉 （1.5mm长） ×18

**工具**

铅笔、角尺、手锯、线锯、桌面固定夹、

凿刀、平锉刀、白胶、砂纸、锤子、

F夹、木蜡油、螺丝钉、螺丝刀、

皮革工具（半圆冲、边缘处理剂、打磨棒）

# 制作步骤

## STEPS

将1cm厚的榉木板切割出3块15cm×5cm的工件。

其中两块工件的一端用线锯切割成弧角。

用锥子或者锋利的小刀在头榫板画线，做好记号。

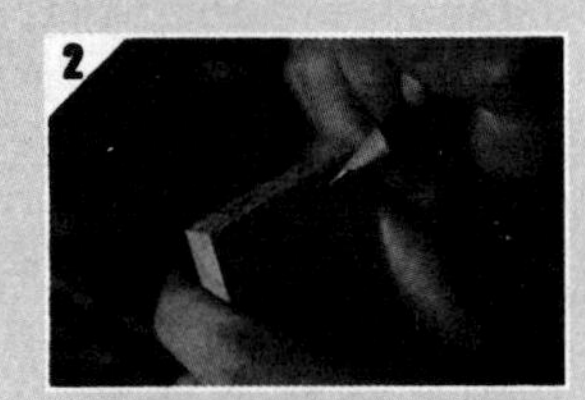


用削尖的铅笔画出头榫及尾榫的榫肩线。榫间废料部分标记“X”符号。

做好标记的榫头部分。

用台钳固定好工件，用手锯从画“X”符号的废料一侧沿画好的线切割。快锯到榫肩线时，要注意保持锯口平直。

可一次性锯完所有右手侧的画线，再锯左手侧的，最后，沿榫肩线锯下废料。

凿除榫间废料。所用的凿子宽度需要小于废料的窄端。每次凿削时，凿体应垂直于工件表面。

用平锉刀修整榫头，使之拼接起来可以严丝合缝。

将头榫板立放于工作台上，尾榫板与之对齐，先用手力尽可能压合工件接合部，然后，再用橡胶锤将尾榫敲到位。如果接合部过紧，可在滞涩处用铅笔做标记，然后拆开，用锉刀在标记处锉几下,再次试拼。

榫头间隙涂抹白胶。

将簸箕三边拼接到一起。

簸箕的底板部分三边涂抹白胶。

拼插到合适的位置。

如上图所示，用2个F夹固定，静置6小时。

将锯末与白胶1:1均匀混合，涂抹到拼接处的缝隙中。

## 第四步 修整

打开F夹，用硬木锉刀将拼接处打磨平整。

簸箕底部面板用小铜钉加固，小铜钉间隔约2cm。

用硬木锉刀将簸箕开口处打磨出斜坡。

依次使用型号为240目、400目、800目、1200目的砂纸将簸箕的表面打磨到质地光滑。

用棉布蘸取适量木蜡油，均匀涂抹到小簸箕的表面及边缘。待24小时后，再上一遍木蜡油，干燥后，用干棉布反复擦拭抛光。

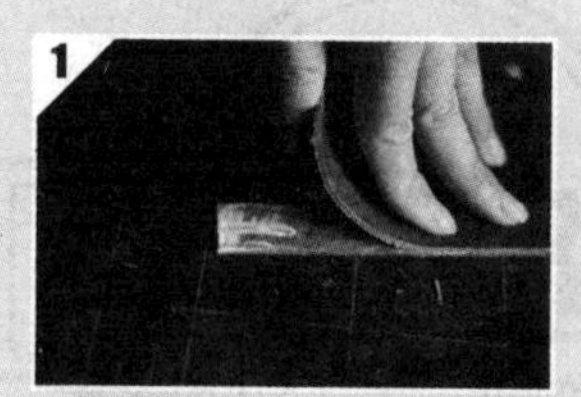


在植鞣皮背面均匀涂抹白胶。然后，迅速将两块牛皮黏合到一起。

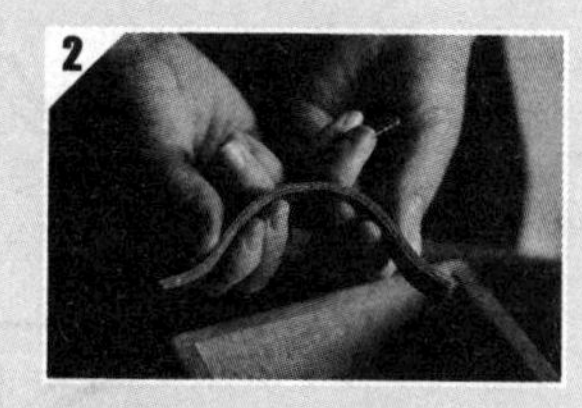


趁胶水未干，用手将粘在一起的植鞣皮弯成上图所示的弧形。

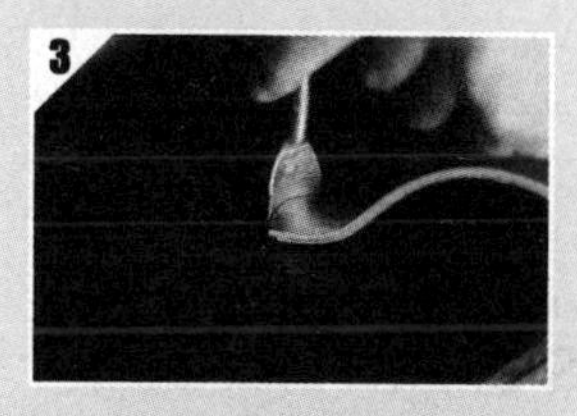


用半圆斩将植鞣皮的两端冲打成半圆形。

然后用砂纸将整个提手的边缘打磨平滑。

用小棉签蘸取皮革边缘处理剂，均匀涂抹到提手的边缘。

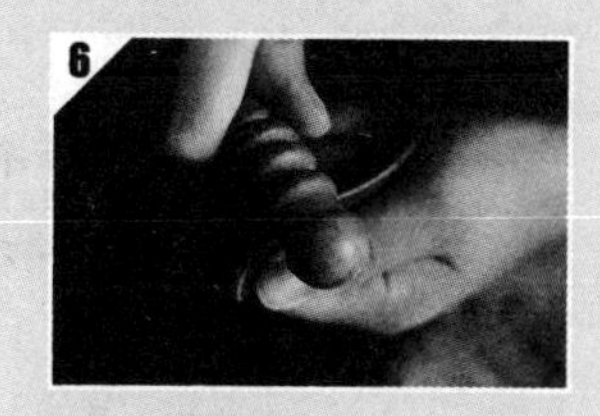


再用打磨棒反复打磨，使边缘呈现出油蜡的光泽。

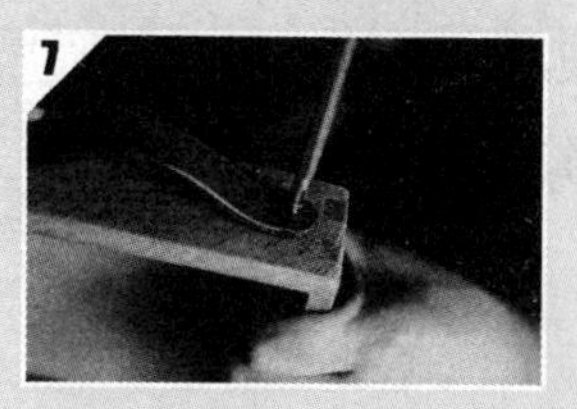


最后，用螺丝钉将提手固定到小簸箕的背部。

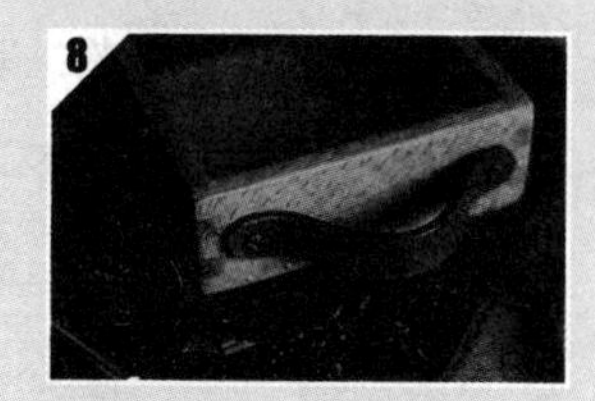


完成。

## 工具和材料
TOOLS & MATERIALS

**木料**

A 白松木（9.5cm×7cm×0.5cm）×2

B 黑胡桃木（27cm×0.5cm×0.5cm）×1

**工具**

铅笔、角尺、线锯、桌面固定夹、
木工锉刀、白胶、砂纸、
木蜡油

## 制作步骤
STEPS

将白松木料切割成两片长为 9.5cm、宽为 7cm 的长方形，然后在其中一片的短边切出 V 字形的豁口。

然后将作为夹层的黑胡桃木条切割成长度分别为 9.5cm、9.5cm、6cm 的木条。

将白松木的四边在砂纸上打磨光滑。

V形的豁口用平锉刀修平整。

在黑胡桃木条上均匀涂抹白胶，粘贴到白松木的三边。

将另一块白松木也黏合到一起。

名片夹两面分别垫上一块平整的厚木板，然后用G夹夹紧固定。

待胶水干透（约6小时）后将名片夹取下。

## 第四步 打磨

用木锉刀将名片夹的三边锉成光滑的圆弧状。

然后，分别将名片夹的木面与边缘用砂纸打磨到光滑。

打磨的时候，依次使用型号为 240 目、400 目、800 目、1200 目的砂纸便可以将名片夹的表面打磨到质地光滑。

## 第五步 上油

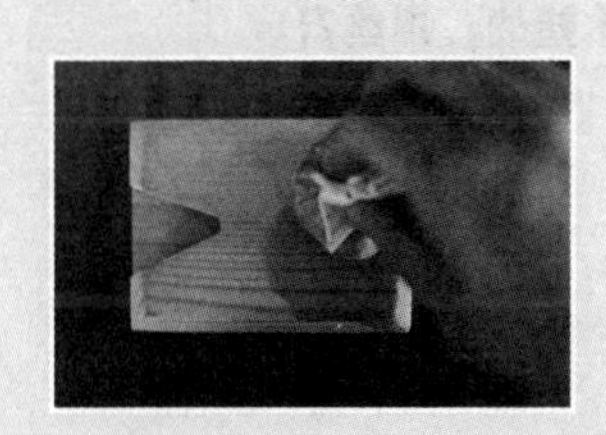

用棉布蘸取适量木蜡油，均匀涂抹到名片夹表面。待 24 小时后，再上一遍木蜡油，完全干燥后，用干棉布反复擦拭抛光。

## 工具和材料

TOOLS & MATERIALS

材料

A 黑胡桃木（8.5cm×8.5cm×1cm）×1

B 黄铜复古拨杆开关 ×3

五金

螺丝钉（5～8mm长）×2

工具

铅笔、角尺、手锯、桌面固定夹、

直径10mm钻头、半圆锉刀、砂纸、

木蜡油、螺丝刀

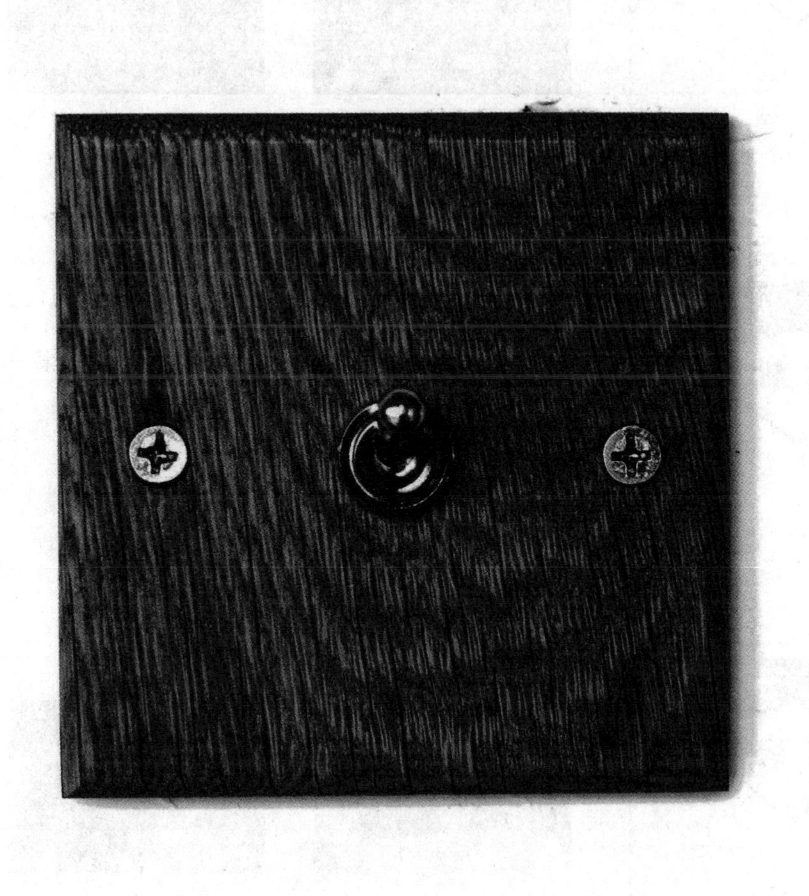

## 制作步骤
STEPS

在木板上画出开关面板的形状。

取下铜开关上的螺帽，根据螺帽的内径画出开孔的大小和位置。

沿着画好的轮廓线，将开关面板切割下来。

用粗砂纸将面板边缘打磨平整。

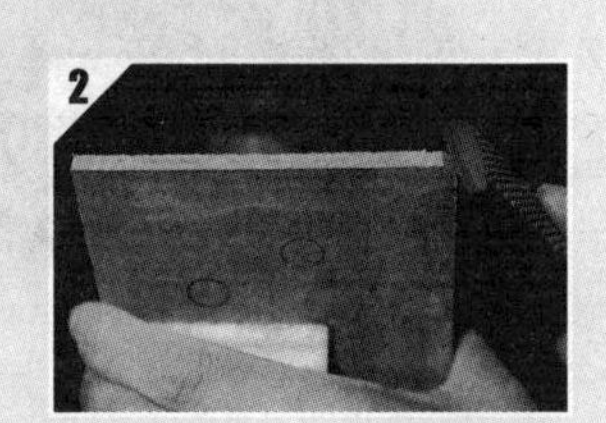

然后，用硬木锉刀将面板的边角锉平。

用钻头钻出安装开关的孔洞。

然后，用半圆木锉刀将钻好的孔洞边缘修整平滑，并且反复试验是否能使开关通过。

依次使用240目、400目、800目、1200目的砂纸将面板的表面打磨到质地光滑。

用棉布蘸取适量木蜡油，均匀涂抹到面板的表面及边缘。待24小时后，再上一遍木蜡油，干燥后，用干棉布反复擦拭抛光。

准备好木质面板和铜质的开关。

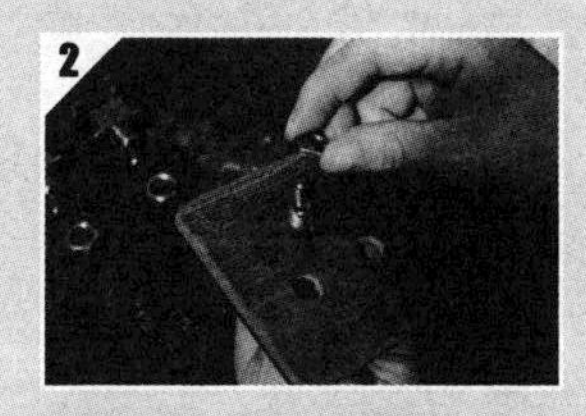

将开关拨杆一端穿过面板的圆孔，然后套上螺帽并拧紧。

完成。

# 第四章

## 和孩子们一起
## 玩木工

## 工具和材料
TOOLS & MATERIALS

### 材料

A 白松木（直径5.5cm、厚0.5cm）×2

B 黄花梨木（直径5.5cm、厚2cm）×1

C 黄花梨木（3cm×6cm×1cm）×1

D 黑色牛皮绳（长8cm）×2

E 镶嵌用的银粉 1～2g

### 工具

铅笔、角尺、线锯、钻头、桌面固定夹、
木刻三角刀、方锉刀、白胶、砂纸、
木蜡油、502强力胶

# 制作步骤
STEPS

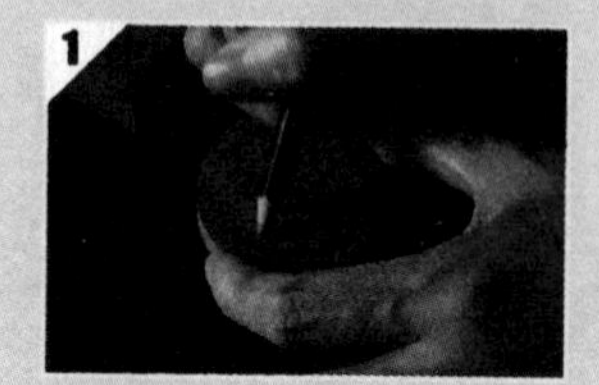


在圆形木料上画出圆环的形状。

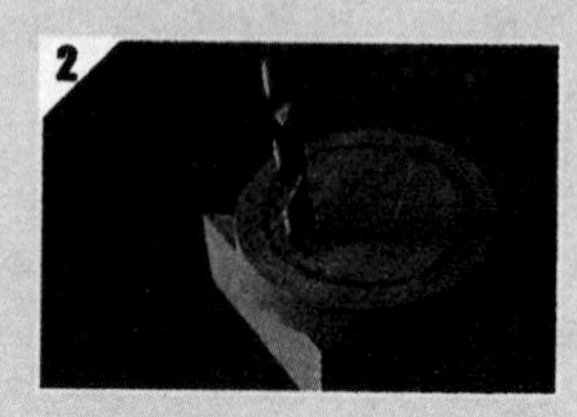


在圆环内部用电钻钻出一个孔洞。

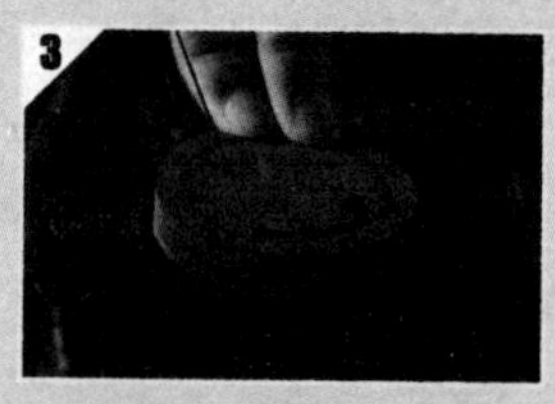


将线锯的锯条穿过孔洞，沿着画好的轮廓线切割。

切割完成。

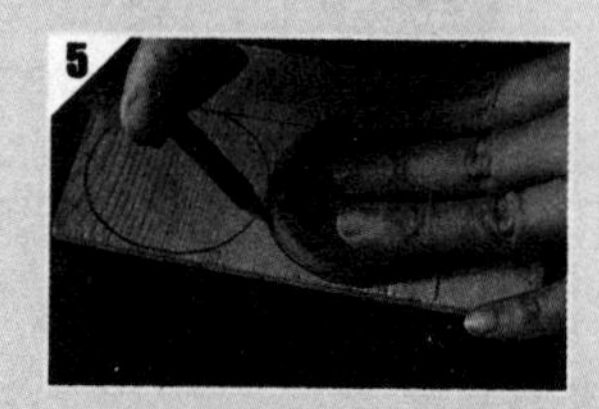


在浅色薄木板上画出与圆环外轮廓同样大小的两个圆形。

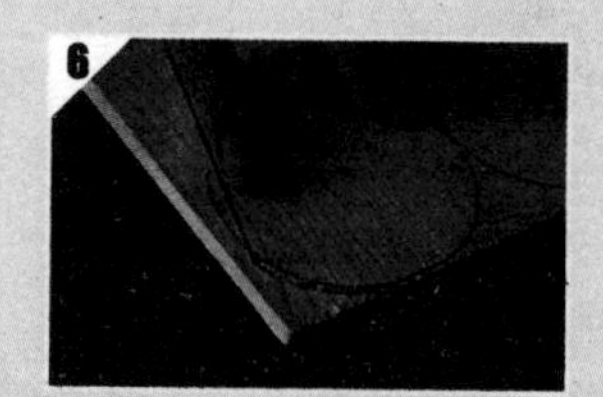


用线锯沿着画好的轮廓线切割下来。

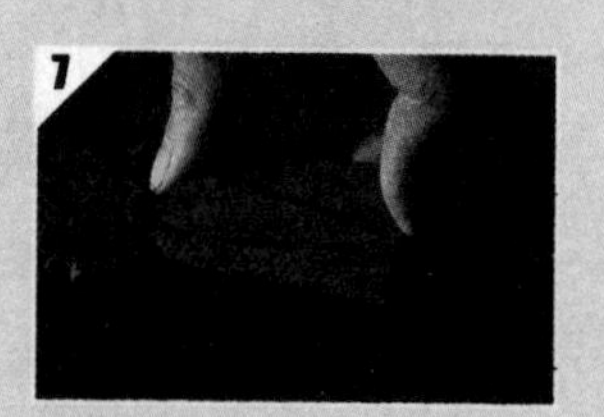


用同样的方法切割出拨浪鼓的把手。

在切下来的圆片上画出小猫拨浪鼓的耳朵和爪子的形状。

用木刻三角刀雕刻出小猫爪的细节。

用木锉刀进一步修整。

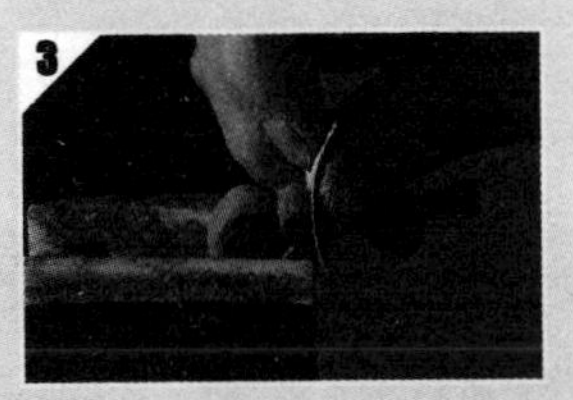


依次使用型号为240目、400目、800目、1200目的砂纸将小猫爪的表面打磨到质地光滑。

用同样的方法，将小猫耳朵制作出来。

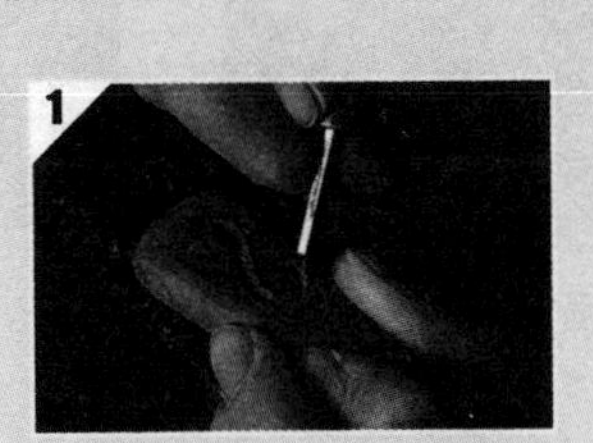


用木刻三角刀雕刻出小猫尾巴的凹槽。深度在1～2mm。

准备好镶嵌用的纯银粉和502强力胶。

将银粉填满小猫尾巴的凹槽，并用木刻刀压紧。

然后，打开502强力胶，让胶水充分渗透到凹槽的银粉中去。

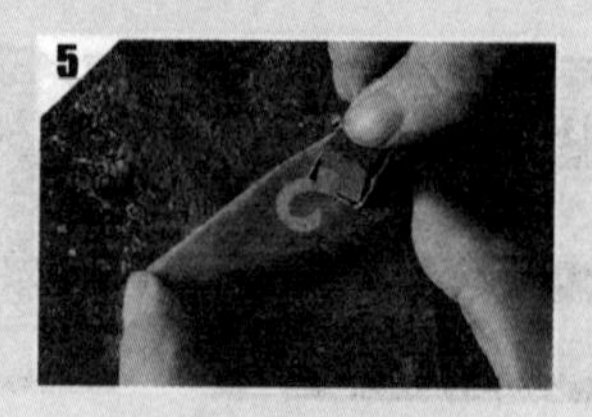

依次使用240目、400目、800目、1200目的砂纸将镶嵌的银尾巴打磨出光泽。

## 第四步 制作鼓面

在小猫爪的中心打孔。

同时，在鼓身两侧各打一个孔。

用牛皮绳分别连接小猫爪和鼓身。

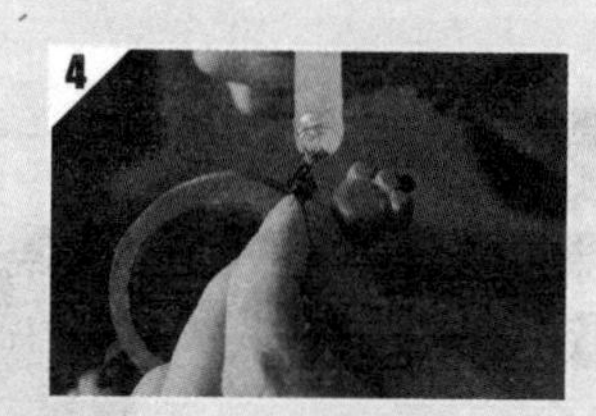

皮绳两端打结后用热熔胶固定，以防松脱。

如上图所示，均匀涂抹白胶。

将白松木鼓面粘贴到鼓身两面，然后两边各垫上一块木板，用G夹夹紧固定6小时。

用木锉刀将黏合好的鼓面边缘修整平整。

准备好左图所示的所有零部件。

在鼓身的猫耳朵位置用钻头打孔。

同时，在猫耳与鼓身连接面的中心点也打好孔。打孔深度约5mm。

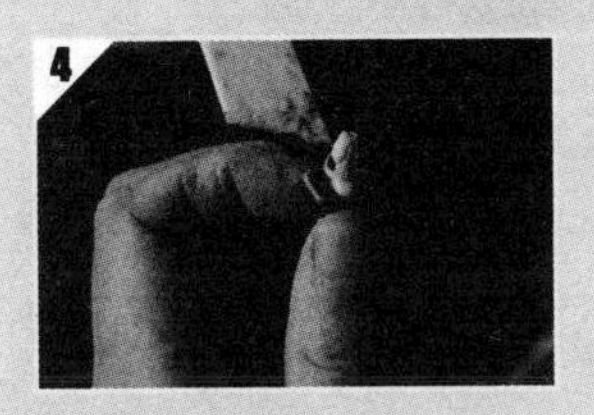


将牙签剪成1.5cm长的小棍，一端涂抹白胶，塞进猫耳朵的小孔中。

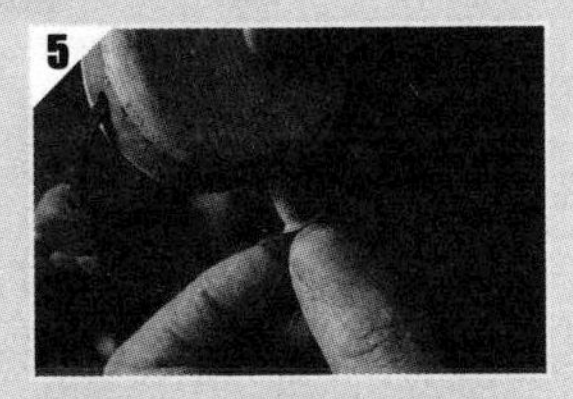


牙签的另一端以及猫耳朵与鼓身的连接面也涂抹白胶，塞进鼓身的小孔中。

将锯末与白胶1:1均匀混合。

涂抹到各部分连接的缝隙中。

## 第六步 抛光

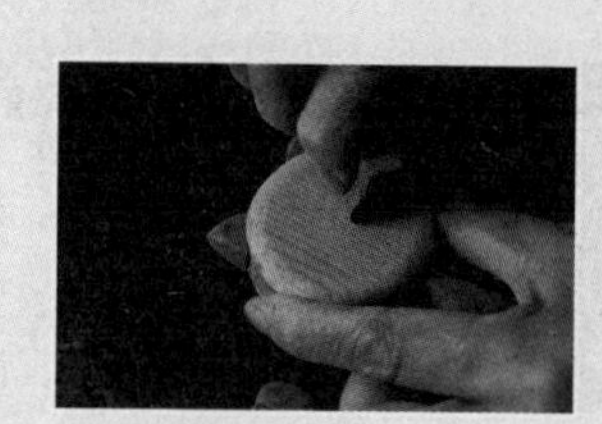

依次使用型号为240目、400目、800目、1200目的砂纸将拨浪鼓的表面及边缘打磨到质地光滑。

## 第七步 上油

用棉布蘸取适量木蜡油，均匀涂抹到拨浪鼓的表面及边缘。待24小时后，再上一遍木蜡油，干燥后，用干棉布反复擦拭抛光。

## 工具和材料
TOOLS & MATERIALS

**木料**

各种木料的边角料 × *n*

牙签 ×2

**工具**

铅笔、角尺、线锯、桌面固定夹、
木锉刀、白胶、砂纸、钻头、
各种颜色的丙烯颜料、画笔

# 制作步骤

STEPS

在木料上用铅笔画出小车的车身轮廓。

使用线锯沿着画好的轮廓线，将小车的车身切割下来。

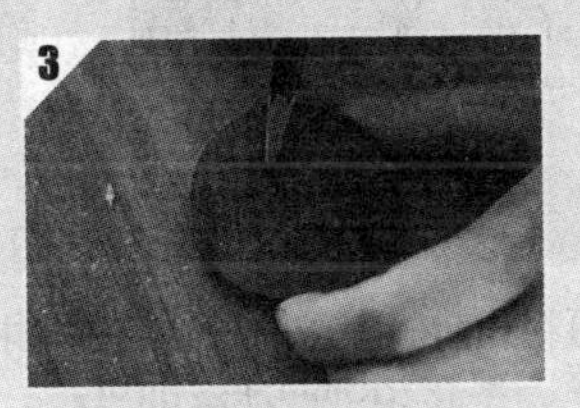


可以选择在不同颜色的木料上画出车轮的形状。

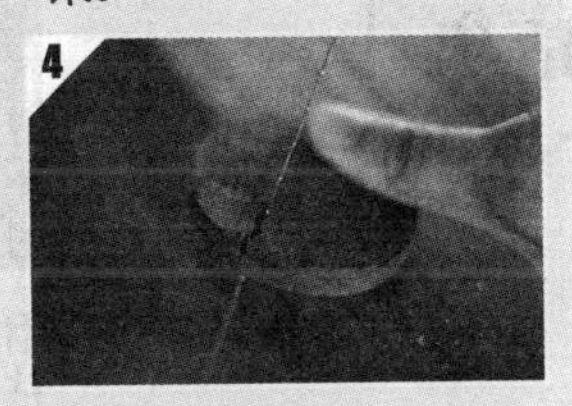


将车轮切割下来。

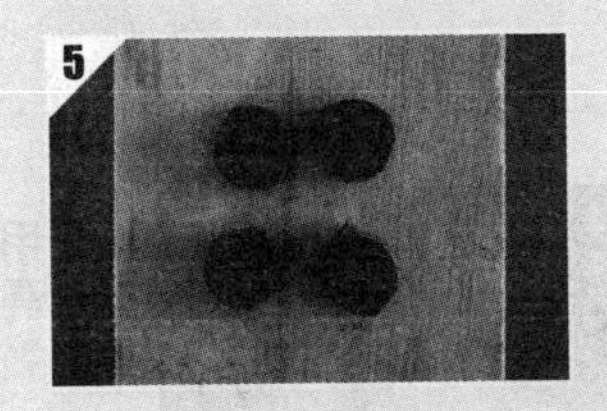


依次将4个车轮都切割下来。

用锉刀将车身的表面修整平整。

依次用型号为240目、400目、800目、1200目的砂纸将车身打磨到质地光滑。

在木料上用铅笔画出小车的车身轮廓。

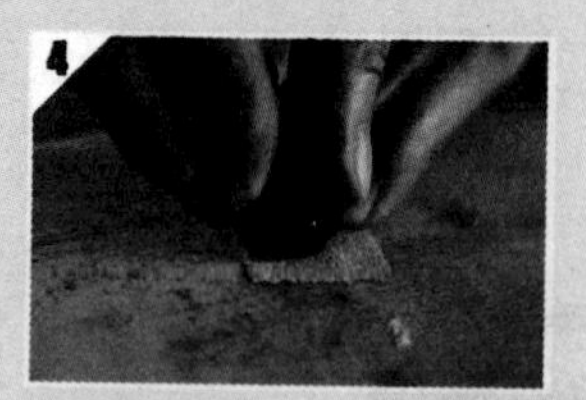


使用线锯沿着画好的轮廓线，将小车的车身切割下来。

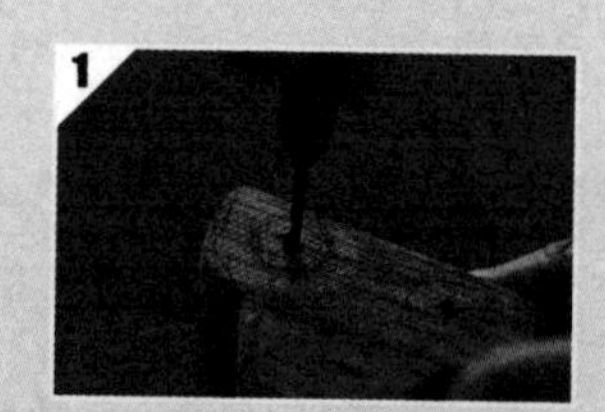

用直径2mm的钻头，分别在车身和车轮上钻孔。车身钻穿，车轮钻5mm深度即可。

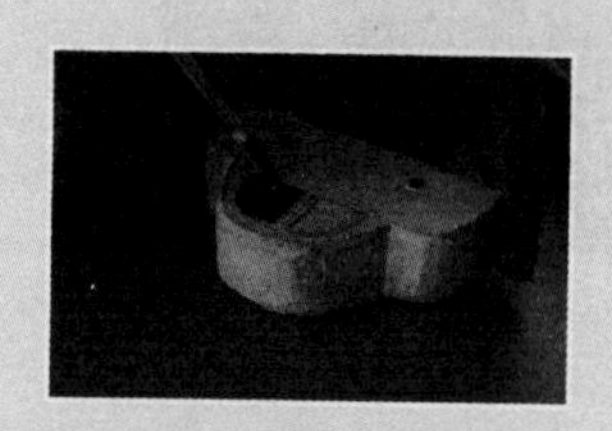

用丙烯颜料为小车画上漂亮的颜色吧！

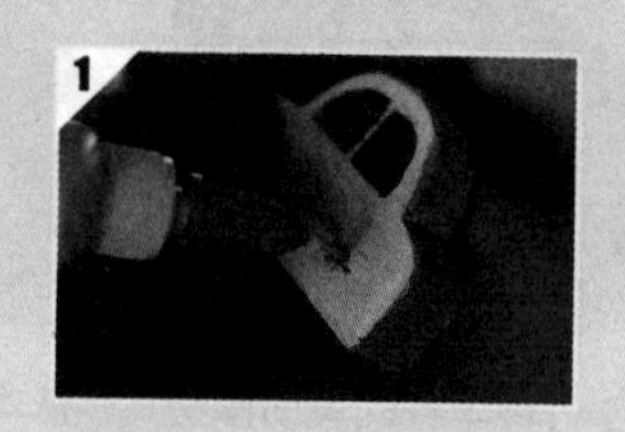


将牙签插入车身的孔中，两端留出5～7mm，涂抹白胶。

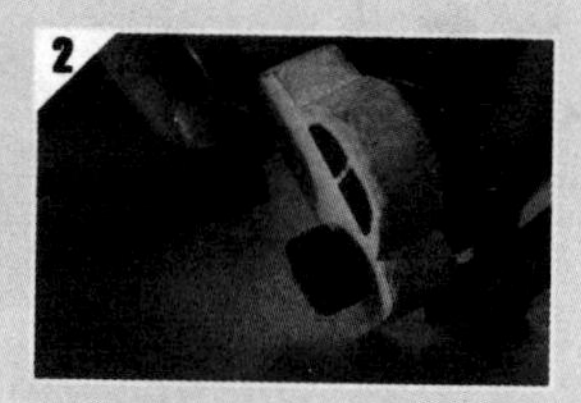


将车轮插入牙签两端。待白胶干透，木质小车就完成啦。

## 工具和材料
TOOLS & MATERIALS

**木料**

各种木料的边角料 × n

**工具**

铅笔、角尺、线锯、桌面固定夹、
木锉刀、砂纸、画笔、
各种颜色的丙烯颜料

## 制作步骤
STEPS

在木料上画出小房子的轮廓。

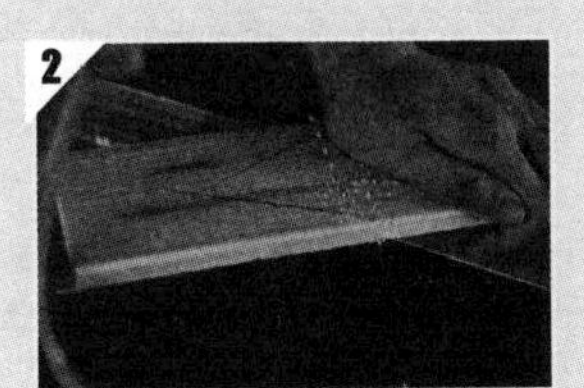


用线锯沿着轮廓线切割下来。

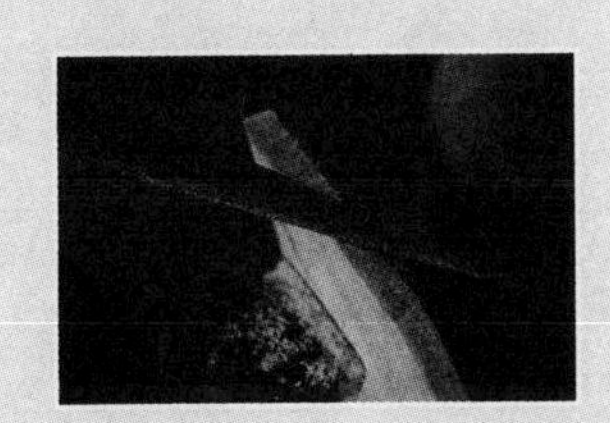

用木锉刀将小房子的边缘修理平整，并用砂纸打磨光滑。

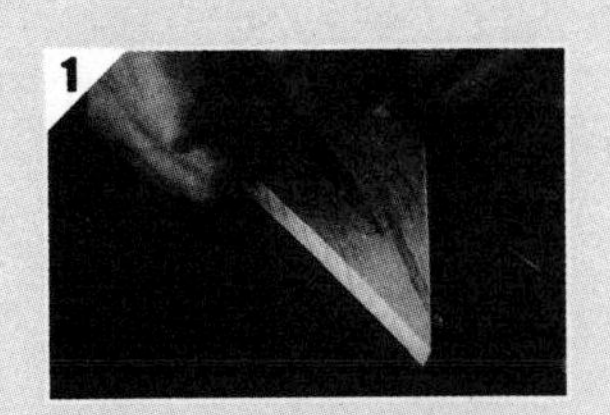


先用铅笔浅浅地打稿。

然后用丙烯颜料涂画出美丽的颜色吧！